33个**理财窍门**

和

一份人生理财
计划书

[日]江上治 著 庄雅琇 译

北方文艺出版社

黑版贸审字 08-2019-196号

Original Japanese title: IsshōKakattemo Shirienai NenshūIchiokuen Jinsei Keikaku
Copyright © 2012 by Osamu Egami
Original Japanese edition published by Keizaikai Co., Ltd.
Simplified Chinesetranslation rights arranged with Keizaikai Co., Ltd..
throughThe English Agency (Japan) Ltd. and Eric Yang Agency

图书在版编目（CIP）数据

33个理财窍门和一份人生理财计划书 /（日）江上治
著；庄雅琇译. — 哈尔滨：北方文艺出版社, 2019.8
ISBN 978-7-5317-4632-4

Ⅰ.①3… Ⅱ.①江…②庄… Ⅲ.①财务管理－通俗
读物 Ⅳ.①TS976.15-49

中国版本图书馆CIP数据核字(2019)第187281号

33个理财窍门和一份人生理财计划书
33 GE LICAI QIAOMEN HE YIFEN RENSHENG LICAI JIHUA SHU

作　者 /［日］江上治
译　者 / 庄雅琇

责任编辑 / 宋玉成　赵　芳　　　　　封面设计 / 烟　雨

出版发行 / 北方文艺出版社　　　　　邮　编 / 150080
发行电话 /（0451）85951921　85951915　经　销 / 新华书店
地　址 / 哈尔滨市南岗区林兴街3号　　网　址 / http://www.bfwy.com

印　刷 / 固安县京平诚乾印刷有限公司　开　本 / 880mm×1230mm　1/32
字　数 / 100千　　　　　　　　　　　印　张 / 5.5
版　次 / 2019年8月第1版　　　　　　印　次 / 2019年8月第1次

书　号 / ISBN 978-7-5317-4632-4　　　定　价 / 45.00元

用人生理财计划书
将过去、现在和未来"可视化"

我的人生理财计划书

记载日　　2012年7月5日

＊人生目的　　　想要过什么样的人生？请写下你的价值观与展望

只和有上进心的人维持伙伴关系，让彼此成长进步。
绝对不与不长进的人来往。

＊人生目标　　　想要在人生中实现什么

50岁之前是事业奋斗期：要运用自己的"武器"（能力与出版），创造3000万元资产。

50岁以后要实现自我：把所有金钱与"武器"全部回馈给具有上进心的人，毫无牵挂地死去。

＊过去的人生　　写下你的人生大事年表

公元纪年	自己和家庭的重要事项	当时的心境或社会上的重大事件
1967	出生于天草市	经商大家族
1990	父亲过世	
1991	加入保险公司	（东京）业务管理
1992	调入熊本分公司 首次获奖 参加工会活动	
1996	结婚	公司综合管理职（MVP）
2000	长女诞生	
2001	次女诞生 跳槽外资 人寿保险公司	
2003	获得MVP（最有价值员工）奖项	
2004	自立门户（成立ALLION）	
2008	成立分公司（OFFICIAL）	
2011	出版《年收入千万元的人都是这样思考的》	
2012	出版《33个理财窍门和一份人生理财计划书》	

＊现在的我　　现在的自己　可以贴一张现在的照片

＊现在的资产　　技术·人脉·资金·时间

· （株）OFFICIAL
· （株）1亿日元俱乐部
· 外资人寿保险公司
· 其他保险公司
· 其他（客户）1420名

＊对过去的反省与未来的改善方案

　　父亲的遭遇给自己留下阴影，不进取的人会被夺走一切资产与心力。

＊实现人生企划的具体行动

　　自己的资源与资产只留给具有上进心的人。

＊一年的目标

　　不与无上进心的人来往。

＊未来的规划

锁定结束日期　2047年8月2日　80岁

| 调皮捣蛋掠夺期 | 事业奋斗期 | 回馈社会期 | 自我实现期 |

| 0岁 | | 50岁 | | 60岁 | | 70岁 | | 80岁 |

年龄

年收

生活重心	·棒球、相扑（运动） ·写文章、写诗 ·抓独角仙	·在所属的组织团队里，业绩总是名列前茅 ·乐于工作，并达到自我成长	50岁时完成自己与事业的简历，并回馈过去支持自己的人们	安享天年 或 "战死敌营"
健康	·在大自然中吃好、睡好 ·做运动，锻炼身心	·有一群开开心心打高尔夫球的好朋友 ·美食 ·一星期去一次健身房	·提升高尔夫球技，扭转败多胜少的局面 ·一星期品尝三次美食以及四次粗茶淡饭 ·一年四次充电之旅	·一星期打四次高尔夫 ·在圣安德鲁斯和大师赛打高尔夫球 ·每周五次粗茶淡饭、两次美食
金钱	·父母支援 ·父亲过世后，自立自强	·付清房贷 ·准备1800万元的事业资金，50岁以后用 ·养老资金1200万元，孩子的教育资金1200万元	·事业资金在60岁全部用完 ·养老资金1200万元变为1800万元 ·65岁之前妥善运用	·把1800万元的资金全部花光

创业后的两三年，我全心投入工作，能让我如此心无旁骛的最大功臣，就是本书开头的"我的人生理财计划书"。

不论是人生理财计划书，还是人生企划书，我们可以通过拟定的过程来盘点人生，重新检视自己的过去、现在和未来。如果不在每个阶段好好地盘点自己的人生，最后便会步履蹒跚地走在人生的荒野里。

"人生理财计划书"是我经常在财富研讨会上使用的教材。以下将详细介绍如何写出一份能引导自己走上致富之路的理财计划书（注：为了便于中国读者阅读和理解，文中涉及金钱的数字都用人民币表示）。

第一步是先写下这份计划书的日期，接着在"过去的人生"部分，写下自己的经历。

我出生在熊本县天草市的经商大家族里，我把自己和家族的重要事项和社会重大事件都写进了这份计划书中。父亲过世后，我就进了保险公司，次年调入熊本分公司。在公司工作期间，我得过奖，也参加过工会的活动。结婚后，女儿们相继出生，接着是转职与创业。逐一写下之后，我才惊觉"自己过去经历了这么多事"，过往的回忆也宛如跑马灯一样一一浮现。

当我拿到外资保险公司的MVP荣耀之后，便决定辞职，心想："这应该就是上班族的顶点了，在这家公司似乎已经没有什么可学的了。"而这些仿佛才是昨日之事。

大致盘点过去的重要事项后，接着填写"人生目的"。接下来的一栏则是"人生目标"，很多人会混淆"目的"与"目标"，两者其实并不相同。所谓目的，是指自己的价值观，也就是最在乎的事物。

回顾过往，每当我思考自己的人生目的，以及最在乎的事时，就会想起父亲。父亲一生舍己助人，我自幼深受感召，因此我在这一栏写下："只和有上进心的人维持伙伴关系，让彼此成长进步。绝对不与不长进的人来往。"

至于目标，指的是以目的（价值观）为人生准则，终其一生加以实现。我在目标这栏上写下了"50岁之前是事业奋斗期，50岁以后要实现自我"。所谓"事业奋斗期"，就是在工作上苦干实干，闯出一番天地。至于为什么要以50岁为界线，是因为我觉得，人到了50岁以后体力和智力都会大不如前。

接下来是"时间资源"。我设定的人生终点是80岁，所以在"预定结束日期"里我慎重写下2047年8月2日。8月2日是我的生日，所以也幽默地设定自己会在这一天离开人世。

就像这样，自己必须先设定好完成期限。有些业务员会把一个月当成六十天来用，但是一个月只有三十天，若是认为有六十天，每天就会过得懒懒散散，一点儿紧张感也没有。预设离开人世的时间，会让我们更珍惜每一天。再加上计划自己在50岁时从第一线功成身退，而现在已是44岁的我，就更不能浪费时间做些无谓的事情。

再来是未来的计划，也就是思考"自己今后的人生"。这份"我的人生理财计划书"的空间有限，我建议在另一张纸上写下更详细的计划。

我将下半生分成"事业奋斗期""回馈社会期""自我实现期"三个阶段。在"事业奋斗期"，要努力提升自己的品牌优势和商品价值。进入"回馈社会期"，则是尽可能回馈一路陪我成长的所有人。我设定这个阶段会需要4200万元，之所以设定这个数，是因为从事想做的事业约需要1800万元，养老资金是1200万元，每个孩子的教育资金则是600万元，我有两个女儿，所以需要1200万元，全部合计4200万元。

如果没有4200万元，便缴不出税款，更别说回馈社会了。无法缴税，就是连最基本的社会贡献都做不到。在"这份计划书"里，我写下事业资金要在60岁全部用完，养老资金则是在65岁之前妥善运用。其他生活目标则是一星期品尝三次美食、四次粗茶淡饭，以及一年四趟充电之旅等。除此之外，建议大家要制作一张"人生重大节日与家庭年表"。

制作家庭年表的目的是为了未雨绸缪。不管事业多么忙碌，天有不测风云，太过轻忽大意的话，就有可能因为家庭的事情而阻碍事业的发展。像是回馈社会期、自我实现期，不论自己规划得多么满意，也写下了4200万元的目标，但这些终究只是心中的理想。若是母亲突然病倒，需要一笔护理费用，而自己又面临扩展事业的大好时机，在这种情况下，护理的时间与金钱就会拖累事业的发展。

所以，如果不预先制作年表，考虑每个家人的年龄与状况，预估人生当中哪个时期可能会有哪些危俭的话，便会因为突发状况而陷入困境。

用这个人生理财计划书将过去、现在、未来"可视化"，如此一来，对于现在必须做什么、哪里需要改进、哪些事要特别注意，都能一目了然。如果能邀家人一起思考，不仅能让大家朝目标共同奋斗，更能强化彼此互相扶持的意愿。

目　录

人生算盘

我是理财顾问，客户层涵盖职业棒球手选手与企业经营者，每一位的年收入都超过600万元，本书汇整了这群富人的共通思想。

整体来说，这些人在对待人生的态度与行为上都有一个共同点，那就是在生活和工作中拒绝敷衍草率、漫无计划，而是选择做一个胆大心细，且气度恢宏的人。不论结果如何，他们都会专注目标，而且只要下定决心，就会全力以赴。

每当我接到新客户时，总会先与对方详谈，了解他们的职业规划和金钱观。令人惊讶的是，每一位客户的人生蓝图都极为清晰明确：

"我是那样一路走过来的。"

"未来我会这样走下去。"

他们的"人生算盘"都非常明确，也有具体实践的策略。在他们身上看不到茫然无措，更看不见浑浑噩噩度日的情况。他们何以如此呢？

仔细想想，似乎也理所当然。

这些人现在所拥有的地位与财富，都不是一蹴而就的。有的是从小吃苦，有的是在学生时代或当上班族时，经历过一段艰苦奋斗的日子，在克服了种种困难后，才获得成功，实现人生目标。

在这段过程中，他们"看似平凡"的人生态度与生活方式，也许和一般人没什么两样，但那1%的些微差异，却逐渐拉大了他们与一般人的财富差距，造成富有与贫穷截然不同的人生。

走在人生的长轨上，究竟该在何处，又该如何设置转换方向的"转换器"，才能走上致富之路呢？

我认为，"职业规划"就是改变人生的转换器。

我发现绝大多数创造巨富的成功人士，都有一套明确的人生蓝图，当时机到来，就能成为连接过去与未来的桥梁，让自己通往成功之路，进而实现自我。

即使这张人生蓝图看似平凡，但这些富人的心中都有自己的一套职业规划、人生哲学与实践方针。

但是，也有人胸无大志，漫无计划地过日子。

然而，人生的决胜点，却比想象中还要提早到来。

不论是经常为钱烦恼，或是无法致富的人，如果想改变人生际遇，我认为在思考职业规划时，就必须全面省思自己的人生态度。

我们从呱呱坠地、蹒跚学步的幼儿期开始，一直到自力更生之前，都是依赖着父母与学校师长，受他们的约束管教，说得极端一点儿，大部分时间都是依附着父母师长生活。更糟的是，许多人在独立生活之后，仍然无法跳脱出这种依附思想，继续过着同样依附且受束缚的生活。

　　这就是我前面说到的，在"看似平凡"的情况下，一般人所过的人生。这样的人往往一直走在依附他人的单行道上。

　　人生是往成功之路，还是困顿之路走去的关键，即在我们是否曾经思考过这一生究竟是要继续走在依附他人的单行道上，还是要为人生找到转换的契机，为自己做出自由人生的抉择。

　　创造巨富的人，多半很早就向往自由的人生，也因此才能倾注全部心力，获得成功。当然，我们不能断然说向往自由就是好事，甘愿跟从就是坏事。因为其中也存在着究竟哪一种才是幸福人生的质疑，姑且不论哪种人生较好，可以肯定的是，所有的人生抉择都必须经过审慎思考才行。

　　本书将带领大家思考有钱人为何与一般人走的人生之路不同，以及他们如何累积财富，让钱源源不绝地流向自己。

　　诚挚邀请各位与我共同思考人生中最重要的金钱课题。

　　　　　　　　　　　　　　　　　　　江上治　2012年3月吉日

第一章

理财心理练习

01 没有计划，就没有自由

    曾是东京大学森林系教授，也是白手起家的日本富豪本多静六博士（译注：本多静六 [1866—1952年]，森林学、园艺学家，对日本近代林政学、农政经济的发展贡献良多。擅长庭园设计，创立日本庭园协会，曾设计日比谷公园等庭园），在他25岁时，年收入只有14万元，但是到了60岁，他已是资产超过6亿元的庭园设计大师。

    《如何规划职业生涯》是本多博士的著作之一。他在书中提到，做职业规划绝对有必要，也认为做职业规划的目的，就是为了获得真正自由的人生，他甚至说："没有计划，就没有自由。"

    这些话与我的想法不谋而合。

    我认为想要获得"金钱自由的人生"，最迫切且最重要的就是极力摆脱"依附心态"，但是，与其去勾勒"自由人生"的模糊轮廓，不如检视自己目前的心理状态，反而会更容易看清许多事情，找到新的人生方向。根据我过去接触许多成功人士的经验，我发现一个人能不能创造巨富的转折点，往往就在于能否摆脱"依附心态"，奔向"自由"之路。

我在本书中之所以用"依附"一词对比人人向往的"自由"，主要是想强调多数人其实都"处在不自由的状态，以服从他人的心态对待自己的人生"。而"依附心态"究竟对我们的影响有多大、多深，与"自由"又有什么样的关联，就是一开始我要带领大家思考的问题。首先请大家先思考以下这个问题：

"到底是'自由人生'比较好，还是当个一切服从他人指挥的人比较轻松？"

各位也许会心想，这还用问吗，甚至会生气地说："这是什么蠢问题！当然是自由人生比较好啊！"然而，这个问题却关系你一生的财富格局。

追求自由，可以说是人类的本能。既然答案这么明显，为什么还要问这个问题？这是因为许多人都以为自己很清楚人生的追求，但往往只是追求其中的表象。

事实上，根据我的经验这些回答"自由比较好"的人，在现实生活中并不一定渴望自由、选择自由，多数时候他们宁愿选择依附于他人，甚至乐在其中。

很多上班族往往一味按照公司的指示行动，即使认为公司的行为违背自我，也只会压抑自己的想法，遵循公司的意思工作。很明显，这不是自由人的行为，而是一种依附式的心态。

但有多少人能不放弃自己的意愿，为理想与公司抗争呢？根据我的经验，只能说我从来没有遇到过这种上班族，就算有，应该也是极少数。

换句话说，绝大多数的人都处在依附的状态下。

而且，就我所知，许多人对公司的要求都是逆来顺受，理由则是千百种，也许是"迫于无奈"，也许是"乐在其中"，总之，多数上班族往往基于现实考虑，选择了"依附式"的轻松人生。

准确地说，每个人从心理上都认为自由比较好，只是在现实生活中都选择了当个奉命行事的跟随者，而且往往甘之如饴。

但并不是只有上班族才表现出依附心态。

多数人的一生都围绕着父母、另一半和孩子打转，也被这些关系所牵绊、束缚着。不仅如此，在金钱上也是终日为房贷和薪资奔波。

可见，向往自由的我们，实际上多半处在依附式的状态中。

然而，依附式的人生很悲惨吗？

如果单看一般上班族平常的表情，一定不会这么觉得。全家人生活在贷款买来的房子里，日复一日每天准时到公司上班，不但看不出辛苦，反而比那些追求"自由"的人或创业者更轻松。

其实对许多人来说，以依附心态过日子反而比较轻松。为什么？这是因为只要跟着制定好的规范走，遵从外来的指示、命令，就可以完全不用自己思索，安然度过一生。例如我们从小就被父母、老师、规则、上司、老板、社会、法律、道德团团包围，这些人和社会规范，让我们难以反抗。因为不听，往往就得受罚。听话、表现得好，有时还会得到奖赏。

曾有一位连锁美容院的经营者如此做管理：只要是这家公司老板眼中的可造之才，他就会提拔他当三年店长，然后让他住进自己家中，一起共进三餐，亲自传授所学。

但训练期间一切都要听这位老板的话，当然，其中也有人因为"不愿意唯命是从"而辞职不干。对许多人来说，这种生活并不坏，只要调节好心理，就不会有任何压力。

那努力追求"自由"的人生又是如何呢？

当然，人一旦出生来到世上，就不可能拥有完全的自由或绝对的自由，所以，我所说的自由是指不会一味依附、服从，受他人或制度约束的心理状态。

拥有财富在某种程度上是"自由"的象征，以前面提到的连锁美容院的老板来说，他既不用服从任何人，也不受任何人约束，当然也不用依附他人，可以随心所欲地生活。能够随心所欲地生活，人生自然乐趣无穷，压力也相对较小。

我相信如果再问大家到底要追求自由，还是过着依附的人生，绝大多数的人还是会选择"自由"。然而，"自由"最大的困难，就在凡事都必须自己做出"选择"，每个人生阶段究竟该往右，还是往左，都必须自己决定，无法等待别人给答案。

凡事都要自己决定，其实是件超乎想象的苦差事，但这却是造就有钱人和穷人最大不同的地方。

为什么多数人喜欢逆来顺受？这一点很值得大家思考。而且，并不是只有在上班族身上才看得到，这其实是人性最真实的一面。或许有人会认为我只是想标新立异才这样说，但是许多著作也都指出，人类非常容易依赖权威，而过度依赖的结果，就是让自己陷入依附状态中。

例如德国社会学家、心理学家弗洛姆在《逃避自由》一书中即有这样的论述。弗洛姆自纳粹掌握政权之后，便从德国移居美国，并从社会学与心理学的角度，分析纳粹主义、法西斯主义兴起的原因。

一般人都认为，希特勒只不过是依靠权谋与豪夺取得政权，但弗洛姆否定了这个说法，他在书中这样分析："我们不得不承认德国数以百万计的人迫不及待想交出自己的自由，跟当年祖父辈争取自由时一样热切；他们不想要自由，反而想办法逃避自由。"

换句话说，当时的德国人明明获得了自由，却心生厌倦，自行依附纳粹主义这个新权威，甘心服从它、受它所制。虽然听起来很不可思议，但根据弗洛姆的研究，人性确实存在这样的阴暗面。

因此，我们若想追求财富，就必须先克服内在的"依附思维"，脱离服从的人生，因为跟从的人生绝对不可能创造大财富。

人不应该只是想"逃避自由"，而应该努力"摆脱依附思维"，从影响我们一生的父母、老师、规则、上司、老板、社会中走出来，建立真正属于自己的人生，然后再飞跃到完全"自由"的人生境地，进而走向与现在财富格局完全不同的人生。

因此，想要创造财富，必须先改变思维。

02 投入不起眼的工作

"依附思维"不仅会影响我们这辈子的财富格局,也会影响我们的生活方式和对生命的感受。所以,这一生想要不为金钱所苦,成功挣到一辈子用不完的钱,必须先了解我们如何被周遭环境支配与束缚。

我认为人生中有三个转折点会影响一个人一生的金钱格局:

"第一个"是从出生到踏入社会。

"第二个"是从踏入社会至年收入达到120万元。

"第三个"是从年收入120万元迈向年收入600万元。

因为我们从出生到踏入社会,即使在15~20岁这段时间试图展现独立姿态,仍需生活在父母与老师的安排下。他们说往东,这个年纪的我们往往只能乖乖听话,不敢也很难断然走自己的路。

我把这段时期称为第一个人生转折点。创造巨富的人和一生为钱所困的人在思维上究竟有什么差异?有钱人脑中的算盘究竟和一般人有何不同？是什么因素让他们从此走向全然不同的人生？在人生的第一个转折点，我们需要学习什么，才能为这一生撒下成为富人的种子？本书即是希望针对每个阶段的转折点为大家提供具体且实际的做法。

"依附思维"并不会在15～20岁因我们踏入社会而宣告结束，只知服从的人就算踏入社会，眼前所见依然是只能跟随听命的环境。所以，在这个阶段最重要的是，如何在处处规范的时代里走出自己的路。因为我们选择以何种方式生活，将会影响我们这辈子是否能从此脱离依附思维，创造财富。而"环境"又是影响我们生活方式的关键，一方面要能善用我们所处的环境，一方面在这个阶段也要称职地扮演依附他人的角色。

我年轻的时候，每天都在处理保险条款、商品、文件等行政业务工作，还因此被同事取笑是在做"女生的工作"，但正因为那段时期我全身心投入不起眼的工作，才为我日后的人生带来丰硕的成果。

若以年收入来说，我认为年收入超过60万元，甚至达到120万元的人，都还是处于依附式思维状态中。反过来说，如果乖乖当个听领导指示行事的人，年收入还是有可能达到120万元，只要没有出差错，达到这个目标并不是难事。

然而，若要超过120万元就是极为困难的挑战，也就是成功人士达到的财富境地。那么，到底该如何脱离依附心态？又该如何攀越这道高墙呢？

　　最重要的是，必须先分析这些拥有巨富的人，其脑中的算盘（对欲望的态度）到底和一般人有什么不同，才能找出答案，迈向巨富之路。

03 不从众，做出自己的选择

做一个独立自主的人，才能迎向美好的自由，打开你的财富格局。

想要踏上不用为钱而发愁的人生旅程，就得经过一道重要关卡，那就是从"依附思维"转向独立思考的过程。独立的快慢，以及面对独立的态度，是造就每个人人生格局的关键。

我们无法用年龄来估算一个人独立的时间，毕竟有的人在小学时就学会了如何独立自主，也有人年过30岁、40岁，依旧带着依附心态过日子。如果不能独立，想要开创一番事业，让钱源源不绝流向你，只能说是遥不可及的梦想。

独立，顾名思义就是依靠自己的双脚站立，这也是所有动物一生努力的目标与生存的根本。例如马或牛出生不到四小时，就能用自己的四肢摇摇晃晃地站立，昆虫更是生下来没多久就会振翅飞翔。

所有的动物都是靠自己的力量站立或飞翔，充满生存的欲望，而凭借自己的力量站立是跨出独立的第一步。只有具备独立自主的能力，才能生存下去，而这当中除了要能自行觅食，遇到危险时也要能保护自己，还要能传宗接代。

人类则是在满足了生理需求与安全需求之后，才能踏出人生的第一步。因此，人类的独立非常晚，甚至是动物中最晚的。人类至少要花一年左右的时间才能用自己的双脚站立，而且在这个阶段，仍然称不上独立自主，衣食住行都必须依赖父母。初中毕业就外出工作，是属于早熟型的人。所以，一般说来人生的前十五年，多半还是凡事都得依赖父母才能生活。何况现在有不少人过了20岁，依然继续过着依靠父母的生活，甚至有人念到大学毕业后，还是一直留在家里，衣食住行全都仰赖父母。

我们在依附、被养育的过程中，不断接收父母（身边的人）所灌输的信息，多数孩子在这段时期都是拼命向父母（身边的人）学习生存之道。

到了学校则向老师或学长学习知识和技能。这种学习的过程，对人类的独立来说极为重要。因为学习的内容，将决定我们日后的价值观，也就是"生存的基准值"。换句话说，我们的许多价值观都是从父母和学校的老师身上学来，一点一滴建立而来，他们对我们一生的影响可以说非常重大。

由于人类会在生存的基准值范围内学会知识，因此，教育的力量非常惊人。父母在教养孩子时如果方法错误，就会使孩子脱离不了"依附思维"，使孩子长大后无法成为独立自主的人，将来教育下一代时，同样也会把他养成一个有跟从心态的人，结果世世代代都成了跟从者。所以，在塑造一个人的开创性上，可以说父母的责任重大，必须尽早教育孩子独立自主。

简单来说，生存的基准值就是采取行动的动机，例如"欲望"，或是"好奇心"。幼年时外界给我们带来的各种刺激，会不断在我们心里累积酝酿，进而形成采取行动的诱因。而行动的动机，也包括了独立自主。

人类到底在什么时候才会从跟从的状态转向独立自主？这是我们从为数众多的选项中，选择其中一个行动的瞬间。而选择的取向与基准值的强度有关，也就是欲望或是好奇心的强弱。

要摆脱"依附思维"，首要之务就是必须从父母保护的羽翼下独立，走出一条属于自己的路。

然而，虽然我们决心独立，但不可能一夕脱离制约我们的环境。即使我们离开父母自己生活，在公司、金钱、人际关系上，仍然处在依附与服从的隶属关系。

踏出校门不代表人生就此独立自主，这是因为多数父母并没有通过"教育"培养孩子迈向独立的动机。前面提到的"选择"或"选项"，在一个人的独立上扮演了极为关键的角色。

福冈软件银行鹰队的明星球员小久保裕纪是我的一位客户，我担任他的税务师和理财顾问多年，他可以说是从小就懂得独立思考的典范。接下来，我想以小久保裕纪的人生选择和我们公司的一位职员做比较，指出一个人是否具有选择的能力，对其人生的财富格局有极大的影响。

首先是关于我们公司职员大隅彻的例子，大隅彻出生于岛根县一个拥有三万人口的小镇，父母经营一家建材行，他是家中的长子，到我们公司工作只有短短一年，是由一位我熟识的企业家介绍进来的。

他在我们公司的电子报上，写了一篇这样介绍自己的短文：

"我是一个拥有一级建筑师执照的理财顾问，今年46岁，虽然已经进入为自己的人生奋战的第四回合，但我仍然会以最后冲刺的精神状态继续奋力向前，运用'离心力'抛开对手，朝着人生的终点全速奔驰。

"我出生于岛根县，在大阪工业大学建筑系读了六年才毕业。在泡沫经济全盛时期，我断然回家乡接下父亲建材行的工作。二十年来，我一面当木工，替人盖房子，一面经营父亲的建材行，但因能力不足的原因，公司最后还是以倒闭收场。所以，现在我可以用过来人的经验告诉大家'如果公司破产了，该如何面对，重新开始'。

"高中时我非常热衷垒球，拼命想打入国民体育大会。1983年，我如愿参加了群马县主办的国民体育大会，并且获得优胜。到了大学，我又深受School Wars（译注：1984—1985年在日本东京放送电视台播出的日剧，描述怀着满腔热血的教练带领弱小橄榄球队杀进全国大赛的故事）的影响，加入橄榄球社。看起来弱不禁风的我竟然担任七号的翼锋，好在只断了一根肋骨、左肩脱臼一次而已。至于脚踝扭伤，从事这样的运动算是家常便饭，只是现在骨头变得僵硬，难以蹲坐。"

　　他的人生几乎浓缩在这篇文章里。

　　老家开建材行，大学念的是工业大学的建筑系，可以想象，父亲从小就告诉他："去考建筑师执照，将来继承家业。"我在他进公司后曾问过他，他也说确实如此。他告诉我，他本来想念机械工程专业，但念机械工程就无法取得建筑师执照。他平常和父亲几乎没什么交流，却在选择科系时一再和父亲争执：

　　"反正你给我去念建筑！之后你想做什么，我都不管你。"

　　"好啊，既然这样我就去念建筑！"

　　最后，父子俩人都各退一步，达成协议。这是亲子间常发生的事，但愿意放手不干涉儿子的日后决定，并不是父亲尊重孩子的选择，而是为了让孩子听话、继承家业，先给颗糖果哄骗孩子听话的手段罢了。

04 从最喜欢的事做起

很多父母为了让孩子乖乖听话,从小就用"糖果"哄骗孩子。

就像前面提到的我们公司的大隅彻,父母给他的"糖果"就是,只要他听从他们的人生安排,就任由他做自己喜欢的事,所以他在高中时加入了垒球队、在大学时代参加了橄榄球社。就连后来他大学留级,他们也没有任何责怪,认为只要念完大学,考取建筑师执照就好,其他的都不重要,这同样也是一种"糖果"。更有些父母费尽心思安排孩子到美国或欧洲留学。

"你只要做到这一点,其他的我都不管!"这正是由父母决定孩子未来的典型思维。然而,孩子用"糖果"换来的,便是接受无止境的"思想制约"。

而由别人决定自己的人生目标,会造成什么结果呢?这其实是剥夺了孩子的"选择权",让他走上没有任何"选项"的人生之路，这样的孩子长大后会变成什么样子呢?

看看大隈彻的人生就会知道。大隈彻念了六年大学之后，在泡沫经济全盛时期按照父亲的指示回到老家继承家业，父亲也因为后继有人而放下心中一块大石头。大隈彻就这样跟在父亲身后学习当个建材行的小老板，但是泡沫经济崩解后，却改变了整个经营环境，公司最后还是不敌不景气的现实环境，以倒闭收场。他告诉我，当时他真是"万念俱灰"，只想整天躲在家里足不出户。

他之所以会变成关在家里的茧居族，和人生是否是自己选择的有莫大的关系。

他的人生中，除了高中加入垒球社、大学参加橄榄球社是自己的选择以外，其他的人生重大决定他都没有选择的余地。科系是父亲决定的，职业是父亲选择的，他只能按照父亲的指示做。因为是走在别人安排好的路上，所以在遇到困难的时刻，当然提不起劲努力扭转。

再加上过去从来没有积极争取、自己选择的经验，对未来自然毫无头绪，一点儿方向感也没有。当公司倒闭时，人生就像脱轨的火车，一下子失去前进的轨道，不知该何去何从。在事业瓦解的那一瞬间，也会觉得自己对任何事都无能为力，只想躲在家中，逃避一切。

其实刚开始，大隅彻并不是完全没有干劲，他也曾经力图振作，知道自己"不工作不行"，但是他在银行的欠债愈积愈多，刚开始银行也不希望这笔债务成为不良债权，所以也没有给他太大压力，只不过只要大隅彻一有工作，银行就会扣下他的薪水。大隅彻也发现自己即使工作也等于白做，久而久之，也就越来越意兴阑珊。

很幸运的是，我们公司有位顾问刚好是岛根县人，正好也是大隅彻在JC（青年会议所）时的前辈。这位顾问就是后面会提到的，在23岁时年收入即达到600万元的六信浩行先生。他非常担心一直把自己关在家里的大隅彻，于是严厉告诫他："不可以再这样下去了！"并将他从地板上拖起来，希望他能重新振作，最后把他从岛根县带到了广岛。

"江上治这个人的工作速度非常惊人，他会改变你的人生，你就进这家公司工作吧！"大隅彻就这样进了我的公司。

刚进公司时，大隅彻还是一副无精打采的样子，于是我把他找来深谈，并问他："截至目前，你人生中做过最开心、最自信的事是什么？"不出所料，答案果然都是他自己选择的事，像是垒球、橄榄球，以及JC的活动。

大隅彻在建材行当小老板时，曾在当地的青年会议所担任理事长职务。他自己选择的事，几乎都跟当时的工作没有直接关联，我不禁为他感到悲哀。"在JC的聚会上和朋友们一起喝啤酒、大吃烤鸡串，是我最开心的事。"听他这么说，我就建议他每星期选出两天从早上就开始吃烤鸡串、喝啤酒。

"至少这样人会比较有活力吧。"我心想。

最近他看起来确实比之前精神多了。

他有一级建筑师执照，人也很聪明，加上个性谨慎，做事一丝不苟，能胜任整理客户资料的工作。他现在住在房租1200元的小公寓，准备重新开始新的人生。

他现在工作非常勤奋，没有请过假。不像刚开始工作时那样毫无干劲，现在他不仅非常投入地工作，业绩也越来越好。

由于当初加入JC是出自他自己的意愿，所以对组织的活动都全力以赴、完全投入，表现自然很出色。他能做到理事长一职，就表明只要他有决心（如果能在自己选择的世界里开创一片天地的话），就能做出一番事业。

我认为他的父母应该从小就多给他一些选择的机会，让他好好挣扎迷惘一番，借此培养他的思考能力，并且让他从自己的选择中获得肯定。然而，对他父亲那一代人而言，这样的教育方式不仅令人不安，而且也过于冒险。毕竟在泡沫经济之前的日本，只要听从父母的安排，人生就能一帆风顺，然而，这正是有钱人与穷人走上截然不同人生的开始。

05 看清时局，不怕中场转行

从表1的数据"以2000年为基准观察日本前后五十年人口变化"，就可以发现日本的人口在2004年达到高峰，此后一路下滑。

2004年之前，我称为"人口红利时期"（译注：人口红利与一个国家的人口年龄结构有关，指的是某时期的生育率急降，使得育儿、养老和社会保障的负担相对减少，总人口中劳动人口比例比其他非劳动人口高，劳动资源变得充裕，有利于社会的经济发展和人民的财富累积），劳动人口向上攀升，需求与消费同样增加，经济方面则是呈现增长和再生产状态。

这段时期是日本经济高度增长的时代，只要顺应潮流，也就是跟从"依附思维下的选项"，人生就可以一路顺遂。

我刚好是在泡沫经济即将崩解之前从大学毕业，毕业后即在日本数一数二的保险公司上班，只要规规矩矩地工作，薪水每年

表1　以2000年为基准观察日本前后五十年人口变化

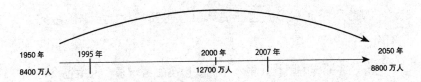

1950 年	1995 年	2000 年	2007 年	2050 年
8400 万人		12700 万人		8800 万人

人口红利时代（享受人口优惠时代）		人口负债时代（人口重担时代）	
一年出生人数达 200 万人以上 平均寿命　男 59.6 岁 　　　　　女 63.0 岁	一年出生人数达 100 万 ~150 万人以上 幼年人数（0~14 岁）迎高峰（1070 年） 劳动人口（15~64 岁）达高峰（1995 年） 平均寿命　男 79.0 岁 　　　　　女 86.0 岁	一年出生人数约 90 万 ~100 万人 一年死亡人数突破 100~120 万人 人口数达高峰（2004）	一年出生人数低于 100 万人 一年死亡人数 120 万 ~150 万人 平均寿命　男 83.0 岁 　　　　　女 90.0 岁
青年国家、成长国家		成熟国家、高龄国家	
对立、法治、竞争的社会		共存、共生、有个性的社会	
以中央集权、官僚为主的资本主义		地方分权、民主的资本主义	
重视物品价值 = 重视制造者价值（生产者）		重视人类价值 = 重视使用者（消费者）	
投资主导型经济，男性、年轻族群为主 公司价值提高让生活更充实		消费主导型经济，以女性、家族、高龄者为主 社会价值提高让生活更充实	
模仿、市场扩大和拥有市场老二的时代		市场开发、专精的时代	
经济调整增长、人口增加的社会 劳动市场僵化（终身雇用制、年功序列制等） 刚毕业新人依附公司的社会（以人力为主）		低增长、人口减少的社会 劳动市场多样化、国际化 能力型的就业社会（以能力为主）	
红海市场		蓝海市场	
以金融机构为主的间接金融		以市场型间接金融与直接金融为主	

都会上调，在公司的地位也会一路上升，任满退休之后，还可以领到一笔丰厚的退休金。

那是个保证拿得到也能估算自己能领多少社会保险金的年代。

身处在那样的时代，根本不需要自己思考未来，人生也没有什么选项，就算不用自己思考选择，也能以"依附"之姿活得志得意满。

我的前半生也曾经如此。我是第四代商家子弟，父亲知道做生意的辛苦，因此语重心长地对我说："去当个上班族！"这句话就像父亲的遗言一直在我耳边萦绕。于是，高中毕业后，我选择了家乡的大学，毕业后在东京一家大型保险公司工作。只要按照公司的指示认真工作，完全不需要思考自己未来的选择。

因缘际会，我后来跳槽到一家外资人寿保险公司，感受到完全不同的企业文化，那时我逐渐对自己长期形成的跟从心态感到厌烦，于是我在拿下四次业绩全国第一的荣誉之后，便毅然辞职，在人生的中途，开始有了自己的抉择。

但是，和我同年代的大隅彻，却在他的人生路途中遭遇公司倒闭，在毫无预警的情况下必须找到自己今后要走的路。在这之前，他从念大学到继承家业，完全都是由父亲决定，最后又因为公司倒闭被迫放弃这条路，他的人生从头到尾都不是自己选择的。

过去，他连一次"选择"的机会也没有，但是，现在出现在他眼前的选项却多到令他彷徨，但他必须做出选择，必须自己决定该何去何从。

如果大隅彻的例子只是个案，那就不需要大费周章地去探讨了，但问题是现在有太多人像大隅彻一样，过着毫无选择可言的人生。何况那些因为裁员或经济低迷等原因而考虑换工作或创业的人，其实也和那些没有自己的想法、只是找份工作糊口的人没什么两样。

我认为在竞争越来越激烈的时代里，如果不从小培养孩子自己选择的能力，恐怕社会上只会出现越来越多的大隅彻。

06 反复练习基本功

　　看完大隅彻的例子之后，接下来要介绍一个"我选择，我奋斗"的案例，是关于福冈软件银行鹰队的明星球员小久保裕纪的奋斗故事。

　　我想只要是棒球迷，应该没有人不知道小久保裕纪。他1971年出生于和歌山县，曾就读市立砂山小学、西和初中、县立星林高中，最后进入青山学院大学。大学时即入选参加1992年巴塞罗那奥运会的日本棒球代表队，是唯一获选的大学生选手，在球场上表现优异，曾经在预赛中敲出两只全垒打，帮助日本队夺得奥运铜牌。而小久保裕纪在担任队长期间，也带领学校棒球队首次拿下全日本大学棒球选手权大会优胜的殊荣（1993年）。

　　1993年，又逆指名（译注：1993—2007年，日本职棒采用的选秀制度。球队以第一、第二指名选择大学生与社会人士球员时，必须得到选手的同意。当球员进行逆指名之后，其他球团就丧失了争取该名球员加入的机会）加入福冈大荣鹰队（译注：即现在的福冈软件银行鹰队）。2004年，小久保裕纪转到巨人队，并且首次被任命为球队队长。

2007年他再次回到鹰队，在长达十九年的职棒生涯中，荣获全垒打王、打点王、东山再起奖等奖项，是日本职棒界最具代表性的选手，至今依然活跃于第一线（译注：小久保裕纪于2012年8月宣布于球季后引退，并于10月8日生日当天正式结束职棒生涯）。

小久保裕纪从小学一年级就加入棒球队，对棒球的热爱可以说始终如一。即使他很痴迷棒球，但他在高中之前的功课都相当好，大学三年级甚至就把所有学分都修完，好让自己四年级时能专心练球。

和他接触后，我才知道他非常爱读书。他曾经在青山学院大学的演讲中说过这样一段话：

"棒球的知识或技巧，因为我自己有经验，所以大部分都能体会或了解，但书本的知识十分丰富，能带给我许多启发，让我的视野更广阔。所以，我习惯写读书笔记，每读完一本书，就会把心有所感的部分写下来。"

童年时期的小久保裕纪，也就是我称为跟从时期的这段时间里，到底经历了什么，让他从小就能坚持走自己的路，并且在棒球的领域大放异彩，成为令人尊敬的明星球员，获得令人称羡的财富。而我们可以从他的经历中学到什么，这些有钱人脑中的算盘和思考究竟和一般人有什么不同。

小久保裕纪的父母在他6岁时就离婚了，他是由妈妈一手抚养长大的。小时候住在妈妈的老家附近，并与棒球结下不解之缘。由于妈妈担心"由母亲一手带大的孩子，很容易被宠坏"，因此，小久保裕纪才刚上小学，妈妈就把他送进棒球队，自此开始了他苦练棒球的岁月。

小学的棒球队十分严格，有时他也会因为不想练习而想尽办法逃避，但是妈妈总是告诉他："决定做的事就要有始有终，不可以半途而废！"说完便把哭个不停的小久保裕纪拉上车，直接载到球场去练球。

才经过一年的训练，在他上小学二年级时，便已在心中暗下决定将来要当个职业选手。到了初中，棒球队的练习更加严苛了。因为当地是日本棒球运动十分盛行的地区，一个班级中甚至有高达三分之一的学生都是棒球队的成员。那时教练的训练方式非常"斯巴达"，小久保裕纪曾告诉我："初中三年是我棒球生涯最辛苦的一段日子。"

从早到晚都在训练，简直练到快吐血了。

不仅练球很辛苦，教练对生活规范的要求也很严格，只要球员稍微露出一点儿青春期特有的叛逆气焰，就会立刻被教练揍得很惨。

由于教练太过严厉，使得球员一个接一个退出棒球队。到他初中二年级时，球队只剩下他和另外一个人，最后球队勉强只有五个人，根本无法参加校外比赛，可见当时的训练有多辛苦。

在那个年代，教练的体罚和拳头教育是家常便饭，每当他被揍得很惨回家时，母亲总是一副"理所当然"的态度。因为知道儿子立志当一名职业选手，所以母亲才忍心放手让教练严格训练，并且从小就告诉小久保裕纪：

"想当职业选手就要比别人更加努力，既然要当职业选手，当然要不断训练！"

而小久保裕纪看到同伴 个个退出棒球队，他说：

"我从来没想过要放弃。"

因为是"自己选择"要当职棒选手，如果连这点苦都受不了而退出的话，这辈子就不会有圆梦的机会。小久保裕纪对棒球的决心就是如此坚定不移。

然而，当年严苛至极的训练，却为他日后的棒球生涯奠定了坚实的基础，甚至让他觉得高中、大学的训练根本不够，他总是在和大家一起训练过后，又一个人留下来默默练习。

小久保裕纪在训练严格的小学和初中棒球队都是队长，高中时因为担任投手，变成副队长，不过上了大学后又担任队长。

大学时期，他为了争取更多自主训练的时间，提出了减少全队练习次数的要求，这个改变后来也成为青山学院大学延续至今的新传统。

看得出来，他是实力与声望兼具的选手，但是不管在高中、大学或是职棒选手期间，身边的人总是忍不住对他说："练球练得这么拼命，身体受得了吗？"不过对小久保裕纪来说，这些跟初中三年的训练比起来简直是小巫见大巫。

"如果没有初中三年奋力的练球，我也不可能到了40岁还在打职棒。"回首过往，小久保裕纪感慨地说道。谁也没想到他在40岁时还能参加日本职棒总冠军赛，并且获得MVP，说这一切都归功于初中三年来打下的基础，一点儿也不为过。

但他能如此成功，最关键的还是，练得比任何人都勤奋的他，对这些训练"一点儿也不厌倦"。

"因为我不是身手矫捷的人，所以得持续做基础训练，最主要是打击训练，然后反复训练基础动作。一般人很快就会不耐烦，可是不管多么单调，我都能一直练下去。"

这正是耐性、毅力的展现。最能呈现这种精神的特质，就是"不厌倦"。一个人对于同样一件事，到底能反复持续练习多久而不厌倦呢？据说当时王贞治接受荒川博教练指导金鸡独立式打法，也是经过一番苦练，才练就这种独特的打击方法。

"他为了练习挥棒，把房间里的榻榻米都踩裂了。"王贞治惊人的毅力依然如神话般传颂至今。那些成为"世界之王"的人在成功之前，究竟花了多少时间反复练习同一个动作？

每一位成就卓越的人，都是极有恒心和毅力，擅长"反复演练"的人。爱迪生曾经说过："天才是99％的汗水（努力），加上1％的天分（灵感）。"唯有不断努力加上坚强的意志，才能让1％的天分成功发挥出来。爱迪生也是累积了无数次单调的实验，才发明了灯泡。虽然电流通过玻璃球体内的灯丝就会发光，但因为高温的关系，灯丝很容易一下子就被烧断。大多数的人都会认为："既然如此，还不如用煤油灯！"因此，没有一个科学家愿意研究如何延长灯丝的寿命。唯独爱迪生反复试验了七千种材料，最后爱迪生终于发明了前所未有的白炽灯泡，让他的事业攀上高峰。

小久保裕纪曾说："不管多么单调，我都能一直练下去"，而这就是他和一般人最大的不同之处。从他年届四十还能获得日本职棒总冠军赛MVP，并且击出两千支安打，就可发现"反复演练"是一个人能否成功的关键。

07 从选择中积累经验和锻炼意志力

回顾小久保裕纪的童年，对他走上致富之路影响至深的，莫过于小学二年级时下定决心当一名职棒选手。此外，遇到严厉的棒球队教练，也是让他成功的大关键。这位教练极富感召的启蒙，使他立志当一名优秀的职棒选手，并且为将来打下扎实的棒球基础，如果不是教练把着重练习的观念深植在他的心底，相信他也不会拥有长达四十年巅峰的棒球生涯。

但是，我认为能够拉大他和其他选手差距，背后最大的原因，还是他母亲对他少年时代的影响。母亲和棒球教练都是他在少年时期最重要的人生导师，但是让他拥有各种经历与体验的，却是他的母亲。

小久保裕纪的母亲是一位年收入60万元的药剂师，即使年过六十，还是自行打理一切。这位母亲到底用什么方法引导孩子为自己的人生做出选择，培养他开创性的人格呢？特别是在容易跟从大人决定的少年时期，小久保裕纪是如何自我挑战，把握机会迈向独立之路，让财富源源不绝地流向他的？

由于小久保裕纪的母亲不想教出一个被宠坏的孩子，因此在他小学一年级时，便让他加入棒球队。不是剑道社或足球社，而是棒球队，是因为棒球队以严格出名，再加上住在老家附近，母亲自然对当地棒球队的状况了如指掌，认为那里是培养他意志力的好地方。

若说加入棒球队，完全是他母亲独断的决定，丝毫没有考虑小久保的喜好，我倒觉得，不如说他的母亲在"诱导"小久保裕纪做出正确决定上功不可没。

相反的，大隅彻从小就被"你这辈子就是要继承家业"的思维给捆绑，对自己的未来完全没有选择的余地，小久保裕纪的母亲并没有强制他走棒球路，这也是他小学曾经因为练球太苦一度想要放弃，却能很快克服心理低潮期，重拾信心，朝着职棒选手的路勇往直前的原因。因为人往往对自己的选择，更能坚持到底。

但即便是自己的选择，孩子毕竟年纪还小，仍有许多盲点和情绪反应，聪明的父母平常就必须对孩子的生活和学习观察入微，让这些平时的观察成为亲子沟通的重要依据，而父母与孩子的沟通包括了判断力与倾听力。

也就是说，父母必须从谈话中察觉孩子的志向，并且循循善诱。例如经常以"试试看吧""既然如此……"的方式鼓励孩子，或是引导他们做出正确的决定。

聪明的父母深知绝对不能以强硬的手段逼迫孩子，所以常会运用这种方式诱导孩子做出对自己负责的决定。

在面对各种不同的选择时，我相信小久保裕纪和母亲之间一定出现过："将来想要做什么？""我想打棒球！"这样的亲子对话。

但不管是只有一种选择，还是有多种选择，小学时代的决定当然不见得会影响一生，可重点在于，如果我们希望孩子从小就有独立思考的开创性思维，以及为自己的选择负责，就必须多给孩子各种选项，让孩子从小就有选择的机会，借此让他思考哪个选择对自己比较好。

选择，本来就是非常困难的事。狗或猫为了满足生理需求或确保自身安全，会在瞬间做出选择，但是人类不同，懂得计算利益得失，衡量成败，斟酌自己的喜好，分辨其中的真伪，从这个角度来看，选择自然不是一件容易的事。

当很难从中选择时，最便捷的方法就是听从别人的指示："选那个吧！"或是不要有各种选项，只要告诉你单一选项，问题就会变得容易许多。例如搭电车时，当你心想"好想坐下来"

时，如果车厢里只有一个空位，你就只能坐在那个位置上，不管愿不愿意，至少在选择上很轻松简单，不会有犹豫不决的情况。同样的，就算车厢里有五六个空位，只要有谁下一道指令："坐这里吧！"也不用自己动脑筋去想。

然而，面对车厢里五六个空位，如果有人对孩子说："随便坐哪里都好，选一个最喜欢的位置坐下来吧！"别说是小孩子，即便是大人也会犹豫该以什么标准、坐在哪个位置比较好。

要找到一个标准、做出决定，其实不是件容易的事，但也因为如此，才显得选择有多么重要。选择，不仅可以训练一个人的思考能力，也能让人发挥想象力，并且还可以从宏观的角度，形成自成一格的独特选择标准。

优秀的经营者都具备宏观的眼光，将自己从各种狭隘的观念中解放出来。例如一般人都会认为如果要去上市公司上班，就要注重穿着打扮；如果是在日本企业工作，就要会说日语；如果公司里没有SOP（标准作业程序），就没办法做事。然而，在优秀经营者的思想里，完全没有这些狭隘的观念，更别说自我设限。

他们的想法与行动往往出人意料、不按常理出牌，而且他们也不在乎别人认为自己特立独行，总是坚持走自己的路。

而这种自由的选择、自由的想象、自由的行动，唯有从小，经由父母（身边的人）的引导才能深植在一个人的心里。所以，童年教育是铺陈一个人财富格局的前奏。

"你只要做这个就好"是强迫，不是给予选择。"有A选项和B选项，挑一个你想要的、最喜欢的去做吧"这才是教育应该有的姿态，一个人也由此逐渐走上富有和贫穷两条不同的路。

我认为父母真正要做的，是为孩子打造一个宽广的选择空间。

08 再忙也要广泛阅读

　　"既然是自己选择的，就要有始有终，不可以半途而废。"

　　培养孩子自行选择的能力时，必须和小久保裕纪的母亲一样严格要求，让孩子"在强烈的意愿下做出选择"。

　　前面曾经提到，今后属于人口负债时代（劳动人口减少、老龄人口增加），因此，只会照别人指示行动的人注定一辈子不会有大成就，赚不了大钱，只有那些懂得做出选择，为自己的人生负责的人，才可能在这个竞争激烈的时代，走上致富的康庄大道。

　　现在已经是"跟从即无路"的时代，我们正处于时代的转变中，如果只想凭单一的价值观、狭隘的思维生存在现在的社会，人生不仅与财富无缘，甚至无法生存。

　　现在社会的生存条件，已经与过去有了极大的不同。

　　不知道各位是否注意到，日本的学校教育有了大幅度且重要的变革。我们的生存条件已经改变，身处企业工作的人不能忽略这场转变，不能再以过去的价值观对待工作。

现在小学教科书的内容和教学方法都与以往不同，初中的教科书也有所变更。这是因为根据OECD（经济合作暨发展组织）所做的世界各国学生学习能力调查（其中包括宽松教育的影响）显示，日本学生的学习能力正在下降，文部省（译注：日本中央政府行政机关之一，负责统筹日本国内教育、科技、文化等事务）因此开始检讨一直以来的学习课程，并且全面更新指导学生的方法。

出题的方式也不再像过去那样，只有回答对或错的是非题，或是只考计算题和默写词语（虽然这类出题方式到现在还存在）。现在的题型都偏向让学生动脑思考后才能作答的申论题。教学方式也朝向让学生从宏观的角度看待事物，亲身验证各种可行的方案，建立有逻辑性的思考模式。

然而，有些老师却无法跟上新的学习方针，甚至无视教学环境的改变，当然这样的老师最后都会被时代淘汰。

教育方式必须随时代而改变，要给学生选择的机会，培养他们独立思考问题的能力，让他们用自己思考出来的答案和他人沟通。因为唯有能够独立思考的人才是今后社会需要的人才。

小久保裕纪小学一年级加入了棒球队后不久，即下定决心当一名职棒选手，这个童年时期立下的决心，即使后来升上初中、高中，他都丝毫不曾动摇。这份信念之所以如此坚定不移，我认为是因为他自己做出了这个决定。选项愈多，就愈有可能培养独立自主的能力。因为选项的多寡，对一个人的人生影响很大。

"你就给我做这个！"

如果常常在别人的指示下过活，会很痛苦，而且选择也只有一种。走在这么狭窄的人生道路上，人际关系圈和际遇自然也会被限制。就像井底之蛙不知大海一样，不知世界辽阔的孩子长大后，也会无法逃脱狭隘的观念，最后只会成为偏见满腹的人，不具任何开创性。

"有A选项和B选项，挑喜欢的去做吧！"如果以这样的方式教育孩子，在没有限制下，孩子的想法反而能自由地展开，不仅可以遇到更多的人，找到心中的典范，也能成为极富好奇心的人。

不带任何偏见，对任何事情都抱着"放手一试"的态度，能增加许多新的体验。如此一来，就能在各种不同的体验中，发现引起自己好奇心与欲望的事物。而好奇心正是"生存欲望的来源"。若是舍弃了这种欲望，自然无法创造大财富。

我尊敬的一位人生导师曾经告诉我，培育人才就像育儿一样，他说：

"如果上司不把自己当成父母，就无法培育人才！"

做父母或主管的不能只说这个不行、那个不行。

"这个感觉很有趣，试试看吧？"

"如果你这么有兴趣，就照你想的去做吧！"如果不是用这种方式引导孩子或部下，就难以培养出好人才。大企业往往容易陷入选择有限、视野狭隘的思维中，只会把人套进设定好的框架里，让员工永远只以跟从者的思维做事。

有远见的中小企业经营者，深知这种人才观危险且狭隘。在面对问题时，往往会抛出各种选项，借此培养出具备宏观视野、具有开创性的人才。

在现今的时代，也只有这样的人才能发挥所长。读书也是一种经验的追寻，通过阅读别人的经验，让自己培养出广泛的思考力和想象力。

小久保裕纪的球迷都知道，他是个非常热爱阅读的人。小久保裕纪也说，他是在职棒生涯第二年的低潮期养成阅读的习惯。当时他偶然翻到船井幸雄先生（译注：1933年生，京都大学农学院农林经济学系毕业，被誉为"经营指导之神"，担任顾问的企业达五千多家）的书，顿时对他的想法心折不已。

那时候他由于热爱阅读，甚至被教练下了禁令，不准他再看蚂蚁般的小字，因为对棒球选手来说，视力是极为宝贵的武器。

但是不管教练怎么禁止，就是无法制止他"求道"的精神。那时，小久保裕纪遍读船井幸雄的每本著作，想在广阔的书海中，找寻"自己生命中的典范"。"书本打开了未知的领域，带给我许多启发，让我的视野更辽阔。"

他的阅读领域非常广泛，除了船井幸雄的书，从心理励志、历史小说到京瓷董事长稻盛和夫的书，都是他阅读的选择，书可以说是他的人生导师。

重点整理

1.脱离依附心态，做一个独立自主的人，才能迎向美好的自由，打开你的财富格局。

2.每一位成就卓越的人，都是极有恒心毅力，擅长"反复演练"的人。

3.聪明的父母深知绝对不能以强硬的手段逼迫孩子，所以常会运用诱导的方式让孩子做出对自己负责的决定。

4.选择不仅可以训练一个人的思考能力，也能让人发挥想象力，并且从宏观的角度，形成自成一格的独特选择标准。

5.优秀的经营者都具备宏观的眼光，将自己从各种狭隘的观念中解放出来。

40

第二章

理财武器

09 以投资观点取代预算思维

如果只是上班族，不可能开创年收入600万元的财富格局。以我的客户来说，没有一位是年收入600万元的上班族。至于采用佣金制的保险业务员，其中不乏年收入超过600万元的人，但他们并不算是一般的上班族。

不管怎么说，一般上班族想要拥有600万元的年收入，可以说是相当困难，通常只有自己创业，当个企业家才有可能创造这样的财富格局。

但是，对那些创造巨富的人来说，他们能有今天的地位，并不是一蹴而就。他们同样经过第一章所说的跟从时期，甚至也曾经是上班族，然而却能很快抓住独立自主的机会，踩着巨富的阶梯一步一步往上爬。

我们若想年收入达到600万元，就必须在某个阶段设一个中场目标，到达中场目标之后，再想办法更上一层楼。

所谓的中场目标，就是如果你目前的年收入是46万元，就必须设定一个只要再加把劲就能到达的目标，所以我建议可以先将年收入120万元当作一个里程碑。

如45页图1所示，根据日本国税局2009年调查民间薪资显示，年收入90万元~ 120万元的上班族里，男性占1.1%，女性占0.14%。

但是，年收入120万元 ~ 150万元的人数却急剧减少，男性占0.58%，女性占0.08%。也就是一万人之中，男性上班族只有五十八人的年收入是120万元，而女性上班族也只有八人具备这样的财富能力。

至于日本上班族的平均年收入，如图2所示，自1997年起逐年减少。这样的结果，使得目前M型社会的平均年收入大约只有24万元，而且几乎都是年轻人，长期下来，整个社会也会失去活力，这是值得省思的现实问题。

从这些数据来看，年收入高达120万元的上班族，几乎等于是上层阶级了。

而年收入一旦超过120万元以上，上班族需要另行申报所得税。如果年收入的金额比这个更高，就上班族而言，已算是稀有，称得上是企业家了。年收入达到这个水平，不论是身为上班族或企业家，一定都是具备某种才能与优势的人。如果是上班族，要么是业务能力很强，要么是在外资保险公司业绩独占鳌头；如果是经营者的话，就是不用坐镇公司，公司营运也不成问题的一流企业家。上市公司的董事年收入，也差不多在这个范围。就世俗眼光来看，这样的成就应该也很令人满意。

在生活方面，年收入120万元能让一般人生活富足。相反的，还没达到这个财富水平，就需要为生活奔波，这时候赚钱大都是为了"供自己所需"。

年收入120万元，若换算成每个月的收入就是10万元。这样的收入不仅可以买高级进口车，也不愁没有钱可花，一天约3000元可供开销。只是当年收入达到这个水平时，通常容易将钱花在娱乐和交友上。但如果沉溺其中，人生的财富格局也就到此为止，而这时候想赚取更多的财富，必定难以实现。

如果只想到把所赚的钱用在自己身上，一般人很可能会买价值600万元的房子，因为贷款额度可以是年收入的五倍，也就是可以在东京买一栋独门别院。

能住在600万元的房子里，一般人很可能心满意足，然而，这样的思考方式是所谓的"预算思考型"。以这种方式思考的人在购置房产时，往往会考虑自己的年收入是否足以负担。例如月付 1.2万元就可以还清房贷，所以也就不会考虑购买房价超出数倍、位居交通便捷的市中心豪宅。

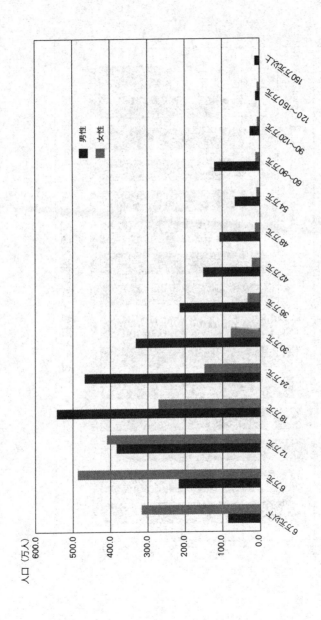

图1　男性和女性年收入分布图

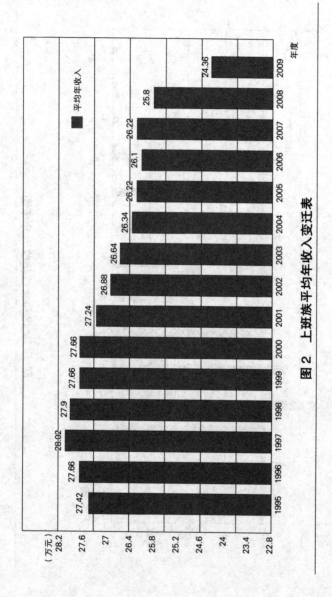

图 2　上班族平均年收入变迁表

然而，预算思考型无法助你获取更多的财富，以"投资思考型"的方式运用资产才可能创造巨富。

　　若是看第139页某位年收入超过600万元人士的家庭收支簿，就会发现这些有钱人打的算盘和一般人不同，他们的所得并不是全用在储蓄和生活费上，绝大部分都是用在投资上，而这就是我所说的投资思考型。

10 定期放下工作，沉淀自己

　　如果一个人认为自己不可能一年赚取120万元，自然会觉得要赚到600万元简直是天方夜谭。但是，就像我接下来要说的，要达到年收入120万元绝对不是难事，真正困难的是，在赚到120万元之后，要如何继续向上累积财富，创造巨富，让钱源源不绝流向你。

　　为什么多数人无法达到这样的财富格局呢？根据我的经验和观察，创造巨富的人都有一些共通点，而这些共通点正是让一个人变有钱的秘诀。

　　简单地说，一般人容易在选择"环境"时判断错误。关于这点，后面会有详细说明。其次是多数人很容易放弃选择的机会，将自己的人生交给别人安排，前面提到的大隅彻就是典型的例子。若是把自己的人生交到别人手上，选择的范围就变得非常狭窄，不仅人际关系圈大受限制，也很难碰到机会，我认为人生没有比这更令人惋惜的了。

　　绝大多数无法变有钱的人，都不懂得从过往的人生经验中找出改变的契机，他们甚至不屑回顾过去。从一个人对过去、现在、未来的生活态度，往往可以窥见一个人的人生价值观，其中最能让我们受用的经验，其实是在离我们远去的"过去"里。不回顾过去，便无法了解现在。

　　不回顾、反省过去的人，也无法分析自己目前所处的现况，更无法剖析自我、了解"自己"到底是什么样的人。一个不了解自己的人，又如何善用自身优势，创造财富呢?

　　就我所知，小久保裕纪每隔四年，就会到栃木县深山里的庙宇中进行内观修行。所谓的内观，就是宗教所说的自我反省，发掘深层的自我。整个修行为期一个星期，其中有三天必须断食，修行者每天会在一个小小的榻榻米上，打坐十五小时左右，回想自己过去的行动、与他人的互动、别人为自己所做的一切，以及所有值得感谢的事。虽然说是心智训练，实际上却是严苛的内在修行。

　　通过这项修行，小久保裕纪找到了服膺一生的座右铭，那就是"活在当下"，通过这样的内在反省，他发现人只要全心全意活在当下的每一个瞬间，就不会留下遗憾。因为只要能达到这个境地，我们就有可能长期为一个理想努力。

这种自我反省即是一种回顾。回头看看自己走过的路，就能分析自我、掌握现况，看清楚自己接下来应该做什么。

而有些人却把过去扔得一干二净，从不会试图让自己比昨天更好。

除此之外，没有行为准则的人，也同样无法赚大钱，因为这样的人完全不知道自己做每件事到底是为了金钱，还是成就感、人生意义或所爱的人？

在我看来，这样的人都是因为对世界没有好奇心和企图心。人生在世，如果没有企图心或欲望，自然不会涌生强烈的赚钱动机。"企图心"是一个人能否成功的最大关键，缺乏企图心就像缺少一个让人勇往直前的引擎。这样的人往往不结婚、不生小孩、不借钱，也不挑战，一生抱持"不求有功，但求无过"的消极态度，自然也就与财富无缘。

若是这辈子完全没有赚大钱或成功的企图心也就罢了，毕竟那是个人的决定，但问题是，现在许多企业的经营者也没有一套明确的中心思想和判断准则。

我曾问过许多参加研讨会的企业家，身为一个经营者他们的目标是什么？我发现没有明确中心思想的人，往往会回答"想帮助他人""对社会有贡献"。身为企业经营者，如果说不出具体的愿景，前途就非常令人担忧。根据我的观察，言辞模棱两可的人往往不具判断事物的能力，一个人若是没有一个明确而严谨的目标，自然无法让人感受到想要获得成功的决心。

想经营一家营业额达6000万元的公司、雇用一百名员工，不管目标多么令人觉得不可思议，只要目标具体，你就是一位拥有明确中心思想的老板，而这样的愿景正是让自己下定决心、坚持到底的"奋斗动机"。

没有人无缘无故就赚到能一生无虞的财富。每一个成功赚大钱的人，都有强烈而持久的成功动机。例如苹果电脑的创始人乔布斯创业的动机便是爱与环境。他在出生后不久，便被送给别人收养。他在警卫队工作的养父，双手十分灵巧，父子俩常在自家车库的工作台上拆解、组装机械，后来为了乔布斯的教育，养父甚至决定举家搬到电子工程师汇集的城镇居住。

乔布斯对电子学有兴趣，也是因为养父的关系。乔布斯非常爱他的养父，对待他就像自己的亲生父亲一样，在他功成名就之后，也一直感念养父母的爱，表示："自己这辈子真的很幸福。"

多数人的创业动机都是"因为想做，所以行动"。有的人挑战一次就事业成功，财富源源不绝，有的人则是屡战屡败，一生贫穷，但无论如何最重要的是能否坚持到底。

决定一个人成功或失败的关键因素就在于能否持续坚持。然而，为什么有人能够坚持到底，有些人却不行？我认为工作是否受到肯定、获得认同，是否能感受到当中的乐趣是一大关键。日式连锁居酒屋"和民"的老板，就是因为很喜欢看到一家老小在居酒屋幸福用餐的模样，才决定继续坚持下去。

另一个让人坚持到底的原因，便是扎根于童年时代的深刻情感。

例如童年曾经经历父亲经商失败，生活困苦的人，通常会为了替父母亲争一口气而努力奋斗。也有人是因为不想向命运低头，不愿再像父母那样一生穷困，决心开创事业，经过一番艰苦奋斗，终于出人头地。

本田汽车的创始人本田宗一郎（译注：1906年生于日本静冈县，父亲是一名打铁匠，本田技研工业株式会社创始者，首位进入美国汽车名人堂的日本人），从小就是在父亲敲打机械的声音中长大，这份"喜欢机械"的情感，便在无形中深植于他的心里，而这正是源自童年时代的成功力量，每个人都应该找到愿意付出一生的志向与事业，才有可能创造出期望的财富。

11 把枯燥的工作转换成理财的工具

想要进入年收入120万元俱乐部，关键点是"调查""模仿"与"忍耐"。

首先，如果是上班族，在踏入这个俱乐部之前，就要先调查进入某个产业、某家公司的年收入有多少。当然，对大多数已经在上班的人来说，这早已是常识，但我想借此强调了解产业和环境的重要性，唯有先从调查着手，才有可能打开进入年收入120万元的大门。

例如即使同样都是上市企业，各家公司的年收入仍不尽相同。事实上，年收入会因产业性质而有极大的差距，相信这点大家都知道，但问题是，大部分的人都不会"想尽办法"进入最具前景的产业，或是最赚钱的公司工作，而这也是有钱人脑中的算盘和一般人不一样的地方。

例如餐饮服务业中一定有第一名的企业，金融保险业一定也有最具潜力的公司。我当初服务的保险公司，正是业界首屈一指的企业，虽然平均年收入只有75万元，但是只要进入这家企业，努力工作，年收入迟早能达到120万元。

如果纯粹只想赚钱，就可以选择进入前景好的明星产业，挑选有潜力的企业去累积财富。

从企业的规模来说，大企业的薪水优渥，也比较稳定，只不过要获得升迁或重用需要较长的时间，因为新进员工往往会被放在同一个起跑点上，如果表现不是特别突出，很难破格晋升到高薪职位。所以若是想早日一展才能，在职场中大放异彩，小公司反而比较适合才华横溢的人。

因为在现今竞争激烈的环境下，只要进入有前途的小公司努力打拼，年纪轻轻就当上公司董事也不是天方夜谭，年收入120万元自然也不是梦想。相反的，若是一味待在前景黯淡的产业，或是毫无战斗力的公司里，再怎么拼命工作，也只能获得不尽人意的年收入。所以，想要获得好报酬，关键是要先仔细研究该去哪个行业、哪家公司、从事什么职业。

常听到许多人大叹"无法成为有钱人"，但是我想问问这些人："在踏入职场之前，是否曾经客观、冷静地做过产业研究，分析自己的优势？"如果能仔细挑选想进入的行业，选择一个前景看好且有竞争力的企业，要达到想要的年收入，根本不是一件难事。

　　许多人都是感性看待问题，非常欠缺冷静而客观的分析能力，对于影响一生财富格局的职业往往没有经过审慎评估，只凭一时的感觉或片面信息，就进了毫无潜力的产业，事后才后悔感叹，这样的人当然与财富无缘。因为做事毫无计划，就像想靠打小钢珠赚大钱一样，纯粹是异想天开。

　　那些事业成功的有钱人往往会在事前进行详尽的调查和评估，也因此他们做事的成功率比一般人高，而这也是有钱人默默在做的事——"掌握人生的方向"。

　　不论是自由工作者，或是想自行创业的人，若是没有经过审慎的调查、研究就贸然辞职，脱离上班族行列，往往会以失败收场。所以，如果想成功脱离上班族自行创业，建议先从"模仿"做起，如此才能充分掌握业界状况，逐渐走出自己的路。

　　还有一个关键点，那就是你必须彻底认知"赚钱"不会全是"有趣且快乐"的事，了解如果想要增加收入，就必须同时接受工作中"无趣"和"不开心"的事。这一点，不管是自行创业者或上班族都一样。

　　上班族如果想赚得更多，就得毫无怨言地接受工作中乏味的部分。当我还是上班族时，也曾经整理枯燥的文件直到深夜。表面上规定下班时间是下午4点45分，但是在正常体制的背后，

"无偿加班"仍然存在，我当时就常常搭末班电车回家，但我总是会想："总有一天，我要把这种枯燥乏味的工作变成赚钱的武器！"因为如果不换个角度，将现在的吃苦当成吃补，根本不可能不断累积财富。

　　医生也是如此，如果愿意忍受被医院支配的生活，即使在一家普通的医院也可以赚到钱。若是在以前，只要具备公认税理士（专门代理或帮助纳税人依法履行纳税义务的税务专家）或律师的执照，就能赚到120万元，但是现在已经不可能了。例如我拥有中小企业管理顾问等二十多张证书，可是在证书泛滥的年代里，证书优势早已荡然无存，现在已经不是能靠证书赚大钱的时代了。

12 跟在大师身边磨炼专业技能

想要让年收入达到120万元，我觉得没有比"学习"更好的方法了，也就是跟在大师或达人的身边琢磨自己的专业技能，说得更简单一点儿，想要闯出一片天，可以先从"模仿"开始，锻炼自己各项的能力。然而，即使是模仿，也必须用心观察这些成功的人是如何在专业领域做到第一名的。

关于这点，很多人都会误解其中的真意。

多数人都误以为想要成功赚大钱，就一定要像铃木一朗那样成为业界的顶尖人物，这其实是一种误解。

怀着错误认知的人，为了成为铃木一朗，付出了许多不为人知的努力，这些努力虽然令人钦佩，但问题是世界上永远只有一个铃木一朗，何况一个人怎么可能一下子成为业界的顶尖人物？这就是搞错定位，误解了顶尖人物的意义。

那么，什么是顶尖人物？

如果来店里光顾消费的客户都是达官名人，就表示那家店的老板是业界的顶尖人物；如果是优秀、一流运动员的教练，那他就是业界的顶尖教练；如果是当红艺人常去的美容院，就表示那家店的设计师是顶尖设计师。

　　所以，应该先想办法跟在顶尖教练，或一流设计师身边工作学习，而不是一开始眼高手低地把自己放在顶尖人物的位置。而且，一旦有机会跟在顶尖人物身边工作、随侍在侧，就要抓住机会努力学习。只要愿意用心学习，努力工作，一定可以从这些大师的身上习得想要的技术。更何况，待在顶尖人物身边，可以为你建立个人品牌创造条件，光凭这一点，就可能让你日后的年收入倍增不少。

　　有些人会认为模仿不是件光荣的事，我想这些人或许是想坚持独创性，希望用自己的概念一较高下，但这个世界上应该没有所谓"全新"的事物，正如《圣经》所说的："日光之下，并无新事。"所以客观来说，世界上并不存在前所未有的新事物，所有的一切都是自然界事物重新组合而呈现的各种变化。

　　不论是120万元，还是600万元的赚钱之道，都是从过去的经营学、工作术、人脉学累积组合而来，都是建立在过去学问的基础上。所以，想要成功，应该先跟在成功者的身边，学习他们怎么做事情，而所谓的模仿正是学习的一种。

在日本传统技艺和武术的世界里，非常重视"守、破、离"三大精神。其中的守即是"模仿"；模仿成功了才有可能突破、脱离，达到独树一格的境界。因此，在进入某个专业领域时，一开始不妨大量模仿、尽情学习。

处在能通过学习获得成功的环境里，也必能发掘出一个人的真正价值。

前面曾经提到一家连锁美容院的经营者，他在年轻时曾经赴美国进修，结识了世界知名的美发大师维达·沙宣（译注：Vidal Sassoon，全球知名的发型设计大师、企业家。他的名字同时也是宝洁旗下著名美发产品的品牌名称。20世纪60年代他创造了经典之作沙宣剪发技巧，细致的造型与利落的线条，彻底将女性从单调、呆板的发型中解脱出来）。这位社长在日本虽然已经是一流的顶尖发型设计师，但其财富和事业规模远远不及沙宣大师。因此，他开始留意这位美发大师有哪些值得学习的地方，而他最终也学到了经营管理方面的秘诀，这也是一种用爱和金钱让员工追随的经营管理之道。

据说小久保裕纪刚加入棒球团队时，集训的第一天就径自跑去敲队里最优秀球员的房门，恳请对方教他棒球技巧。反观现在的年轻选手，已经很少有人愿意像他那样放下身段了。

跟当前最炙手可热的优秀前辈或业界大师学习，一定能获得最好的方法或技巧。

　　小久保裕纪并不是一味埋头练习，总是想方设法试着向外突破，这种不断探求的精神让他学到了职棒的最新技巧。小久保裕纪最令人佩服的，不是向教练求教，而是懂得恳请一线的优秀选手指导自己。小久保裕纪对于哪位选手的技巧可以弥补自己的不足之处，都一清二楚。在跑步方面哪个人的技巧比教练更专业，在打击方面哪个人的技巧更有水平，只要是关于棒球的一切，他都了如指掌。

　　换句话说，想要成为有钱人，就要寻找理财大师或是富豪并加以模仿学习；有意成为经营人才，就要跟在一流的企业家身边学习，即使是替他提公文包，都能从小事中学习大智慧。总而言之，在做任何决定之前都要先分析自己的优缺点，想办法让自己更上一层楼。

　　到国外学习也是一种方法。如果你到欧洲旅行，会发现街角到处有站着喝的咖啡店，而且相当受欢迎。日本虽然也有咖啡厅，但就没有这类便宜又可以轻松品尝的咖啡店。为什么没有？谁说在日本行不通？还是有一位勇于挑战的老板，成功地在日本开设了站着喝的连锁咖啡店。

　　千万不要先入为主地认为："因为他是沙宣大师，当然做得到，我怎么可能？"或是心想："那是在欧洲，所以行得通，在我们这里是不可能的。"总而言之，想成功就必须先试着向比自己还要聪明的人学习，看看他们是怎么做到的，再一步步走出自己的路。

如同前面说的，一开始最重要的是想清楚自己该选择哪个行业、哪个领域。至于选择的重点，应该放在五年后前景看好的行业，以及有发展潜力的工作上。

现在就达到巅峰并不是好事，而是要认清自己的优势在哪里，是业务方面，还是开发新客户的能力，或者是在经营管理方面，能够冷静分析自我，盘算局势的人，才有机会走进有钱人的行列。

13 不廉价出售自己的专业

我认识一位"扔掉手机"的税理士，他叫柴田修。

扔掉手机之后，反而让柴田修得以突破思考的瓶颈，挥别过去被工作追逐的生活，重新找回自己的人生方向。如果大家在追求财富的过程中，出现倦怠感或是迷失了方向，这位税理士的例子将会给大家提供非常好的指示。

柴田先生很年轻，处在人生的"黄金时期"。在28岁时便以税理士的身份自行创业。自行创业固然值得赞许，但是这类需要专门证书的职业已经不再像过去那样吃香、可以轻松赚大钱了，反而必须面对环境变化，没有想象中的稳定。

柴田修因此心想，如果不展现与众不同的特色，便无法招揽客户。由于曾有客户跟他抱怨，想要咨询时，许多税理士总是不愿外出洽谈，必须让客户亲自跑一趟事务所。所以他心想，如果他能当一名随时待命的税理士，客户一有需要就立刻亲自登门拜访、提供咨询服务，应该更能凸显自己专业的特点。

"不受时间限制，随时登门造访，晚上也能电话咨询"，这样的服务，成了他开发新客户时的优势，而他的努力也有了回报，客户越来越多，事务所生意欣欣向荣。

但也由于随时保持待命状态，不论是吃饭、洗澡，手机总是片刻不离身，吃饭时只要电话一响，便立刻放下手上的碗筷，接受客户的咨询。只是，许多时候对于客户是十万火急的事，对专业的他来说，都是无关紧要的小问题。所以，除了必须调查后才能回答的问题以外，客户通常都希望问题能够立刻获得解答。

但这样一来，不仅让柴田修觉得饭菜索然无味，就连睡眠时间也变成只剩三四个小时。在这样的工作步调下，柴田先生通过自身努力赚得了人生的第一桶金：年收入60万元以上，但这也让他成为时间与金钱的"奴隶"，长年下来，他感到身心俱疲。

"好无趣，我做这份工作到底是为了什么？"

这样的疑问经常涌上心头，让他想放弃当一名税理士。

了解他的经历后，我也觉得人生确实会面临这样的瓶颈，就算把税理士的工作当成服务业，但有必要做到这种程度吗？

最后，柴田修决定暂时逃到非洲肯尼亚。那时他把手机放在家中，在肯尼亚待了两个星期。肯尼亚毕竟是个落后国家，没有电、没有电话，就算带了手机也打不通，他想既然如此，干脆放下手机待在那里放空。于是，他就一个人在大自然中，度过了孤独的两个星期。

这段时间，他在当地遇见了一名日本女性。这位女士在当地从事野生动物保育工作，作为税理士的柴田修非常好奇她的收入，于是两人就这样聊开了。事实上，动物保育员的工作几乎没什么收入，但是她仍然做得非常开心。

等到柴田修回国之后，依然十分惦念那位女士，他在回程途中也不断想起这位女士。他一直纳闷，没有优渥的收入，为什么这位女士还能工作得那么自在、开心？最后他终于知道原因了。

回到家后，他看到搁在桌上的手机，隔了两个星期，累积了不少未接来电。但他一一回电后，发现全都是些无关紧要的小事。而且，客户也没有因为他不接电话而终止合作关系，不仅如此，在他解释自己去了一趟肯尼亚后，客户反而觉得新奇有趣，津津有味地听他畅谈旅途点滴。

通过这次肯尼亚之旅，他成功克服了客户会离他远去的恐惧。更重要的是，他了解到，人生在世，如果不能放宽心胸，便无法打开财富格局，即使赚取万贯财富也没有意义。那位几乎没有收入、依然在肯尼亚开心地从事动物保育工作的日本女性，成了改变他人生态度的贵人。

顿悟后，他决定不再受顾客的影响，将手机从心中彻底舍弃。他开始寻找自己的人生方向，探讨自己真正的优势在哪里，让自己满怀期待的事物又是什么。

他父亲是建筑公司的老板，所以他心想："我应该也有经营头脑吧？"既然如此，自己适合经营哪方面的事业呢？他做了许多功课，最后决定朝M&A（译注：Mergers and Acquisitions，企业的合并与收购）的方向发展。

决定后，他先拿出所有积蓄，收购了一家已破产的传统和服公司，之后又收购了一家不动产公司，目前他已经是四家公司的老板了。除了担任税理士的收入之外，再加上各家公司的董事报酬，如今他的年收入已经轻松跨越了120万元的门槛。他因为让自己摆脱金钱与时间的束缚，成功脱离依附状态，才有了今天的成就。更重要的是，他了解了财富与人生的关系。

从柴田修的例子中，我们可以学到几件事。

第一是贱价求售最后什么也赚不到。以二十四小时全天候待命为卖点，固然是将服务精神发挥到极致，但这也形同贱卖自己的专业，我们必须思考廉价真的是更好的服务吗？

真正的服务，应该是让客户满意，才能长久延续彼此的合作关系，柴田修的做法最后只是让自己感到精疲力竭，工作无以为继。当他从肯尼亚回来，手机里虽然有许多未接来电，但每一个电话都不是立即影响决策的大事，这表明他提供二十四小时随时待命的超廉价服务，对客户来说其实一点儿意义也没有。

我们一旦贱价求售专业，就容易沦为客户的"奴隶"。唯有摆脱让人操控的思维，不受他人掌控，才能自己掌控时间和人生。

例如我接案的底价是12万元的手续费，只要低于这个收费标准，我就会加以婉拒。若仅仅是因为不想失去客户而接下案子，虽然客户人数确实会增加，但会让自己忙得不可开交，如此不仅荒废了研究工作，也无法吸收专业新知，更没有时间与客户面谈或是建立更深刻的关系，除了完全不符合投资报酬率，也不能为尊贵的客户提供优质的服务。因此，只有坚持原则，不加入贱价服务的行列才能保证服务质量。

第二是工作必须有所取舍。

我们必须了解在追求财富的路上有舍才有得，必须失去一些，才能换得所需。身为税理士的柴田修一直认为对他最重要、最宝贵（因害怕失去客户的恐惧感所造成）的就是手机，但是他最后选择放下手机，远赴肯尼亚。

我所说的"舍弃"，不是完全丢弃不用，而是不当成随时携带的必需品。为了更了解身边事物的优先级，不妨经常换个角度思考，如果有一天，身边"没有"了平常依赖的物品，该如何生活？又该怎么发挥自己的长处？

我们能舍弃房子吗？能舍弃家人吗？能舍弃公司吗？能舍弃客户吗？试着舍弃现在觉得"没有它就活不下去"的物品，以及割舍不下的事物，这样才可能发现新的人生方向。

柴田修也是因为让自己暂时抛开忙乱的生活，在"孤独"的环境下，才顿悟工作的意义及财富的追求之道。因此，想要开拓财富格局，跳脱贫穷思维，就必须暂时放下工作，给自己一段独处的时间，好好检视自己的过去、现在和未来。

14 发现"能做的事"和"想做的事"

人只要有"武器"在手，就会变强势。

舍弃手机的税理士柴田修，当他下定决心不再依赖手机，重新思考自己拥有什么、有什么优势时，他发现自己承袭了父亲的企业家头脑，并且具备了M&A相关知识。因为他在取得税理士执照之后，也曾参加M&A的研讨会。

现在有越来越多的经营者因为担心后继无人，或是担忧公司的未来，考虑把自己一手创立的公司转让给别人。当初柴田修认为身为税理士，如果拥有这方面的信息与知识，可以提升自己的专业能力，所以才去参加M&A研讨会。如今他决定重新学习，把它当作自己的武器。我认为柴田修的眼光精准，因为这是年收入提升到120万元的必备武器。

当我还在保险公司工作时，一位熟识的银行副董事长曾告诉我："你的武器是业务力，也就是联结人与人关系的能力。"这位副董事长只有大学夜校文凭，从银行员一路苦熬上来，他不吝传授给我成功的秘诀，他说："从事业务工作最重要的就是提供情报信息，以及找出对方的潜在需求和弱点。"

这位副董事长的话看似简单，实则深奥。提供情报信息看似容易，就是把手边拥有的信息全部灌输到自己的脑袋里，就像淋浴一样，让自己沐浴在信息泉源之下，随时提供各种信息，告诉客户："我们公司能提供这方面的服务以及那方面的业务。"

但是，只有这样是不够的，还必须找出对方的弱点，想办法为客户弥补专业及其他方面的需求。只要是人，一定有弱点或是能力不足之处。例如有人工作能力强，但人际关系不尽如人意；有人业务能力出众，但是不擅长写企划案。因此，要先掌握对方的弱点，再不着痕迹地替他弥补。

"弱点"与"互补"是使人类社会能够良性循环的完美设计。举个简单的例子，如果你知道上司不会使用简报文件，可以立刻帮忙代为制作，甚至到上司家中教他怎么使用，若能随时弥补上司的弱点，必定受到公司的重用。

还有一家贩卖投资用大楼的不动产公司也非常善用这种补位关系，因此撑过了2008年金融危机，至今屹立不倒。因为这家公司专攻医生客户群，深知购买房产可以替这些医生解决遗产税的问题。因为像医生这类富裕阶层最困扰他们的就是遗产税，所以只要从这一点加以说服，他们就会愿意出手购买不动产，而且因为有医生的身份，银行也会放心贷款给他们。

每个人一定都有一两项武器，但当被问到："你的武器是什么？"能回答出来的人却非常少，这一点让我很惊讶，就连我们公司的员工也表示"不知道"。

对于这些人，我的建议是"请试着盘点过去"。

前面曾说过，无法成为有钱人的人不会反省过去，这是因为他们往往只对负面的事记忆深刻，只记得人生的挫败，所以害怕回顾过往。穷人思维者说不出自己的武器是什么，却能立即表现出失败的态度，"我不想再那样了""我不想再尝到那种恐惧了"。我曾在研讨会上运用这种心理，让学员思考"想做的事"以及"应该做的事"。通过金钱、人生与健康等关键词，让学员们回答自己这一生"不想做的事"以及"不想往哪一方面发展"。

例如我会先请他们从"我不希望将来得肺癌而那么痛苦"这样的负面事情开始联想，然后逐渐导出应该"戒烟"的正面行动。

因为一再受负面记忆影响就会变成失败主义者。摆脱不了负面记忆的人，只会导致人生挫折不断，逐渐走向失败的未来，深陷恶性循环之中。人生不会永远只有失败，必定会有成功的经验，或是值得骄傲的成绩，而这些正是你的优势。

前来参加研讨会的企业经营者与一般上班族不同，每天都必须做出大小不同的选择，有些决定甚至关乎企业存亡。然而，选择不是件容易的事，会令人害怕、会让人迟疑。所以选择需要依赖一套"方程式"，也就是"选了它，就会成功"的方程式，但问题是，天底下并没有那么方便的方程式，所以我们必须从过去的行动与经验中寻找。

拥有创富方程式的经营者绝对是少数。多数老板每天到公司总是面对一大堆满是赤字的报表与账单，也难怪前来参加研讨会的经营者个个都神情凝重。我曾经问过他们："公司在哪个时期比较好？有过辉煌的时期吗？"他们的回答多半是："都不怎么样，从来没有好过。"没有武器，怎么可能把公司经营得好呢？但如果能撑到现在没有倒闭，表明应该有过辉煌的时期吧？

后来在研讨会后的聚餐上，有一位经营者酒精一下肚，整个人顿时变得豪气开朗，再问同样的问题，却说了不一样的答案。这是因为酒精解除了大脑对思考与记忆的抑制作用，脑海中开始浮现出正面的记忆。像是"其实我很有老人缘，过去很多贵人都帮助过我"，或是"小学时，我的手特别灵巧""创业之后两三年，公司效益非常好"，诸如此类正面的信息会随着束缚解除，不断涌现。而"武器"就隐藏在这些自信与正面的回忆之中。

大谈丰功伟业并无伤大雅，一旦受到别人认同或肯定，就会产生自信，更重要的是，会燃起工作所需的"斗志"。工作能力强的人，通常会有两个头脑。一个头脑显现出自已强势的一面，另一个头脑则是用来检视那个自信的自己。只要找出自己的武器是什么，就能发现自己"能做的事"以及"想做的事"。

15 找到你的人生导师

人能成功创造财富的另一个关键因素，就是是否遇见过足以成为典范的人生导师，我有幸遇见许多人生导师，承蒙他们的诸多提点，才能成长至今。

那何谓人生导师？

我认为是能激励你、触动你心灵的人，遇见他时，会油然而生地想要学习他的处世原则。当我们遭遇问题或瓶颈时，当然可以直接向我们的人生导师求教，但其实只要了解他们的基本理念和行动准则，即使相隔遥远，也能够从对方的角度看待事物，攻克难关。例如困难当前时你会在心中自问："面对这种情况，如果是他会怎么做、怎么想？"不断试着以导师的观点思考、分析局势。

一旦养成这种思考问题的习惯，自己的观察力、分析力和思考力就会逐渐提升到与人生导师相同的境界。当然，我们这一生有可能永远无法达到人生导师的境界，毕竟有些人是天才与一代宗师，所以不妨先从能够学习的对象开始训练自己。

人生导师并不一定是人，也可以是书本，也有人醉心于某位作家或哲学家，以他们的观点看待人生，将他们的思想与行动当作人生准则。现在不仅可以轻易买到各国书籍，而且也能读到年代久远的古籍。例如我就非常佩服美国知名的投资家沃伦·巴菲特，十分认同他的价值观与投资观。尽管无缘会见本人，但我却熟读他的著作，将他当成人生的导师。

15岁之前我们依赖父母生活，父母即是这个阶段的人生导师。许多父母为了保护孩子，往往会掌控孩子的一切，影响孩子的选择，有些人甚至因为父母过于高压的教育方式，而在心中留下阴影。

进入社会之后，一开始我们应该将眼光放在"人"上，而不是金钱上。太过于在乎金钱，往往会错失成长的机会，这个阶段最重要的是要找到自己的人生导师，从旁吸取他的经验和专业技能知识。因为要达到年收入120万元的目标，最需要的是人脉与专业技术。因此，这时最好跟在足以作为典范的导师身边，将自己的技术水平提升到一个新的高度。不论你是公司的第一把交椅，还是业界第一，总之，这个阶段一定要好好打磨自己的专业，习得令人称许的技能，而导师就是帮助你学到新技能的师父。

技术方面的导师比较容易寻找，可以从他们的丰功伟业中选择自己希望达成的目标或境界。人生导师除了必须是经验丰富、在某一方有杰出贡献的师父，还必须是与你有相同价值观、能愉快相处的人。

师徒之间个性是否投合也很重要，除了能一起工作，最好还可以一起痛快喝酒，或是开心打球。个性契合通常是因为彼此价值观相似，这也是为什么只要观察一个人以什么人为师或为典范，就可以了解他是哪个层次的人才。

我自己有好几位人生导师，海外旅游时也会邀他们一起同行。旅行期间，我们会一起打高尔夫球、喝酒、聊天。如果不是彼此个性相投、价值观相近，根本很难一起相处这么多天。

向人生导师学习时，最重要的是观察、了解"他们付出了什么，才有现在的成就"，不要只看他们累积的财富和盛名，而要深入探讨他们如何赚取这笔财富。只是倾听对方述说他的人生观，并没有实质帮助，如果不能挖掘他们的专业知识，以及了解他们如何形成现在的人生观，也是枉然。

了解一个人，可以从他看哪些书、与哪些人来往，以及他的朋友、客户、下属出发，才能进一步理解他的想法与人生态度。

如果你已经达到年收入120万元，希望自己的财富更上一层楼时，可以找成就卓越的创业家为导师。例如一家经营健康饮料公司的老总，曾经栽培了一位运输行业的卡车司机，结果这位司机成了一家运输公司的老板。我认为栽培一个人，让他茁壮成长，是一种对世界的爱。

前面提到的连锁美容院的董事长，也栽培了好几位员工成为企业经营者，就连合作企业的老板都是从他的公司发迹的。他并不是把这些人当作成功的垫脚石，而是通过栽培人才让产业更加枝繁叶茂。

这样的人身边自然有众多的追随者，相反，无法提高身边人的价值，便称不上人生导师。

此外，人生伴侣也会影响一个人的财富格局和事业成败，人生伴侣虽然不是人生导师，但也必须是你的人生支柱，若非如此，就不适合一起走人生长路。

如果以足球比喻，我觉得企业家的人生伴侣要像球员的支持者，尤其是在刚创业的阶段，每分每秒都在进行关系胜败的战斗，一定会四处奔波、经常出差。在事业的起步期，创业家特别希望身边有一个坚强的后盾。只会抱怨、不懂得支持的伴侣，自然不可能成为人生道路上的最佳支持者。

例如连锁美容院董事长的妻子，就曾告诉我："替先生移开阻碍成功之路的绊脚石，是身为人生伴侣的职责。"一个家庭人员若能各自扮演自己的角色，就能契合无间。经营事业不可能永远一帆风顺，有时也会遇到挫败，面对困境，只会责怪对方的伴侣不是理想的对象。

不论人生是赢还是输，能全心支持自己的人才是值得相随的人生伴侣。

16 当专才，不当全才

下页图3是概率分布图的一种，把它想成考试成绩或许就比较容易懂。通常是接近平均分数的人数最多，而接近0分、100分的人数较少，最后大多呈现左右对称的吊钟形式，这种分布图称为"常态分布图"。

事实上，这种分布图也可以用来显示各种事物的兴衰与变迁，例如人的成长、上班族的薪水以及升迁竞争等。不论主题是什么，用这种曲线表示时，都会呈现出成长、发展、衰退的过程。具体来说，每个事件通常都会经过"准备期""初期阶段""成长期""稳定期""衰退期""下一次准备期"等六种阶段。

熟悉股票投资的人应该常看到这类分布图，因为它常用来当作参考指标。逢低买进，逢高卖出是投资股票的铁律（即使知道这个道理，却很难抓准时机），因为低价的股票未来极有可能上

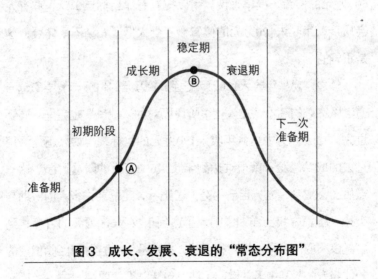

图3 成长、发展、衰退的"常态分布图"

涨，升到顶点的股票也很有可能下跌。因此，看清目前处于哪个阶段是长线获利的必要条件。而常态分布图不仅是掌握股票的指标，也是学习金融知识的一个基本工具。

回到先前的主题，上一页的图表是根据年收入制作而成的收入变化曲线。我在图表中加注了两个记号。左下方的A，指的是年收入120万元的位置；位于最高点正中央的B，指的是年收入600万元的位置（简单来说，可以把它看作目标点）。也许有人会质疑，年收入120万元的位置会不会太低了？请不用怀疑，这是正确的。

总之，要从年收入120万元达到600万元的目标，需要攀越一道难以突破的高墙，进入这个阶段面对的"战场"也完全不同于过去。尽管你努力达到年收入120万元的目标，但如果还是沿用过去的成功经验，就很难达到年收入600万元的财富目标。这一点后面会提到，光凭自己的努力还不够，还需要许多人的协助与支持。本篇中我会详细说明为了达到年收入600万元的目标，到底应该采取什么样的策略和行动，也就是从A位置提升到B位置的条件与方法。其中最关键的条件，包括以下三项：

（1）建立个人品牌

（2）"人脉带来财富"法则

（3）年收入600万元的金钱观

与其说这些是条件，不如把它当成一种成功创造财富的必备心态，每一项都有必须采取的行动与方法。接下来，我将针对每一个条件具体说明。但要提醒大家的是，如果没有坚定的信念，人的命运很容易如常态分布图所示，会从成长期，进入飞黄腾达期，然后走向衰败。

　　即使我们成功致富，赚得亿万财富，但如果最后事业仍不免衰败，个人生活潦倒以终，这样的结果不仅令人无法接受，也让人不明白自己一生究竟为何而战。

　　因此，要让事业常胜不败，人生富足圆满，还必须具备第四项条件：

　　（4）向人施爱的法则（永续经营）

　　每一项内容，都是我多年观察客户、人生导师以及巨富者的成功经验而得来的，相信这些方法能为各位提供具体可行的方法。

　　我要特别强调的是，想要使年收入突破120万元，进而达到600万元，第一项条件是要"建立个人品牌"，也就是要能把自己独特的优势，提升为独一无二的特质，进而成为一种具有辨识度的品牌。

　　前面曾经提到，为了达到年收入120万元的目标，就要寻找前景看好的产业与值得效法的人生导师，彻底学习他们的专业与技术。但是，要建立个人品牌，绝对不能只是模仿，必须摆脱跟从思维，把自己当成"商品"来经营，让大家口耳相传你的为人和专业知识。这个创造财富的舞台并不属于任何二流人士或是跟随者，这些人绝对无法开创财富大格局，独特的思维与一个人的个性可以说是能否创造财富的关键因素。

首先你必须分析自己独一无二的优势是什么，特有的武器又是什么，并且要尽早迈向更独立、更"自由"的人生道路。除此之外，还要确认自己从童年时期累积起来的优势是什么，然后不断打磨它，使它更精进；再把踏入社会所学到的经验，淬炼升华成独一无二的"成功方程式"。

如果你无法成为别人眼中无可取代的人，也就是如果不能成为"非你不可"的角色，便很难开创巨大的财富格局。若要达到这个目标，就必须在过去学到的"成功模式"上加上自己独特的色彩。

无法建立"自我品牌"的人，等于是把自己定位为"一般庸才"。"佼佼者"与"一般庸才"，两者间的财富差距犹如天壤之别。

"一般庸才"到处都是，这也是商场上经常出现没有新意的策略和做法的原因。就算你拥有专业技术知识，脑袋也还算聪明，但是世界如此宽广，聪明优秀的专业人才到处都是。

"一般庸才"到头来不过是一个随时可替换的零件罢了。因此，如果想要战胜众多觊觎自己位置的竞争对手，就不可以"贱卖"自己，否则你就会如同牛肉盖饭一样没特色。

　　"我可以比其他人更便宜！还能随时为您服务！"用这种心态贱卖自己的结果，就只能低声下气兜揽生意。即使价格被砍到不合理的地步，你也不能吭一声，完全处于被动的弱势位置，最后只能零星出售自己的时间与金钱，以此换取生存的空间。

　　即使鞠躬尽瘁、努力让年收入达到120万元，也很难再往前突破。因为横阻在眼前的年收入600万元高墙，不是拥有一般思维与意志的人可以突破的，各位必须认清这两种年收入的不同。

　　最能说明此中不同的职业就是职棒。

　　职棒完全是以"自我品牌"一决胜负。越能把自己的本领提升到品牌境界的选手，越能获得高度评价与高薪。虽然职业投手各有擅长之处，但并不是每个人都能投快速球，其中也有球速不快、守备技巧不优，但控球能力出类拔萃的选手，而控球就是他的优势。

　　如果能够彻底磨炼球技，这位投手就有机会成为职棒界的广告牌投手。现在已经有好几位球速不快，但控球能力极佳的投手，以这项优势为武器，加入了名球会（译注：日本职业棒球名球会，入选的标准是1926年以后出生，在日、美职棒中，打者击出超过两千支安打、投手获得两百胜或二百五十次救援成功以上的现任及前任职棒选手的会员组织）。由此可见，唯有把自己的独特优势提升到最高境界，才能建立起自己的品牌。

另一方面，找不到优势的竞争选手也非常危险。因为找不出让自己纵横球场的优势，只能毫无章法地试着提高球速、学习新的球路或是调整投球的姿势，甚至疯狂地进行健身。长期下来，由于没有高手指点，无法让自己的优势发挥出来，最后只能黯然离开球场。

即使有缺点，但只要能挖掘出自己的一项优势并加以精进，这样的选手，比起球速、控球、爆发力都"差不多"在平均水平的选手，更能成为赚取巨额高薪的球员。

而这就是进入年收入600万元世界所需要的品牌特性。

17 将金钱与时间投资于自己擅长的领域

接下来所要谈的是现实的商海世界。不知道各位是否发现，自己的常识难以应付现实的商海竞争？

在我们的常识里，习惯用"考试"来衡量实力，试想如果用考试分数来评判职棒选手，结果会如何？考试是以总分评价一个人表现的好坏，而各项分数都在平均水平的选手，总分自然高于只有一项优势的选手，这样一来，平均型选手的排名就会在前面。不过，实际上活跃于第一线的选手，根本就不会在这种平均排行榜上留名。

我所说的不能用一般常识来评判的世界，指的是年收入600万元的领域。想要年收入达到这个水平，却立志当一名"万能全才"，这从根本上就走错了路。要走进有钱人的行列，绝对要了解自己独有的优势，并且不断强化这个优势。因此，想要拿到巨富之钥，第一步就要将金钱与时间集中投资于自己擅长的领域。

事实上，能够做到一年赚取600万元的人，一定都是将时间与金钱耗费在磨利自我的"独门武器"上。想要塑造个人品牌，最基本的就是拥有自己的"核心理念"。事业越成功的老板，越在乎公司的核心理念，而且老板对公司产品或服务的坚定信念往往是一家公司奉为圭臬的品牌理念与经营方针。

　　例如苹果公司创始人乔布斯的经营理念全都反映在他们公司的各类产品中。据说有一次，负责产品开发的人员把刚研发出来的产品拿给乔布斯看，但是乔布斯只看了一眼就下令重做。

　　为什么乔布斯下令重做？因为他的最终目标是为了"改变消费者的生活方式"，这就是他的经营理念。可是研发人员手中的产品并未达到这个境界，至少在乔布斯的眼里，它并不合格。尽管产品已经几近完成，但是他还是认为无法上市，这就是乔布斯，一个对于自己的经营理念永不妥协的成功者。

　　日本企业里也有许多类似的例子。例如松下电器过去最让人津津乐道的就是坚持"不裁员"的企业文化，即使是1929年世界经济萧条之时，创办人松下幸之助也没有裁减手下任何一名职员。

　　当年他宣布这项经营方针时，全体职员都感激不已，无不拼命地销售公司产品，堆积如山的库存顿时销售一空，工厂也全面恢复生产。关于这个公司上下一心、渡过不景气难关的故事已是无人不知、无人不晓，成为一个企业传奇。

又例如索尼，它最大的魅力就是各项创新产品的研发，从过去开创随身听产品市场，至今已生产了许多令消费者惊艳的产品。而幕后最大的推手便是其中一位创始人井深大先生的经营理念，也就是"为一般消费者提供丰富生活的便利新产品"，创始人的这个经营理念在索尼内部逐渐形成了勇于挑战、持续研发新技术的企业文化。

丰田汽车也是如此，由于改善了作业流程，导入了"丰田生产方式"，使得丰田汽车始终保持竞争优势。当初提倡这套做法的正是创始人丰田喜一郎，后来公司的职员大野耐一将它改善后，建立一套系统化的方针策略，成功让丰田汽车公司拓展为世界工厂。

以上企业的共通点都是以创始人的意志或坚持作为企业的核心理念。这几位企业创始人的意志都非常坚定，他们似乎有用不完的精力与热情，对自己的理念也是坚持到底。这些要素也在不知不觉间形成企业的文化，并发展成为经营理念，从中逐渐培养出喜爱这家企业的忠诚粉丝，使得产品深受众多消费者的青睐。

当然，有些企业因时代变迁，放弃了长久以来的坚持（或许因业绩不得不转向），但不管怎么说，上述的例子都告诉我们，品牌在商场上拥有强大的力量。

我们也可以从这些人身上学到许多宝贵的经验：想要达到目

标，最重要的就是坚持到底。

听闻现在是全球化时代，便一窝蜂地开始学英文；发现现在流行彼得·杜拉克的管理学，就立刻开始看《管理的使命、责任与实务》；听人家说证书很重要，又去拼命念书考证书——结果凡事都半途而废，连自己最想做什么都不知道。

我认为实实在在专注于自己的强项，打造专属自己的"成功方程式"，才是成功挣大钱的快捷方式。

18 有钱人不迷信证书

各位或许会觉得意外，取代性极高的职业，也就是不以"个人品牌"取胜的工作，竟然是税理士、律师、司法代书这类"专业人士"，这类工作十分重视专业知识，在一般人眼中也有很高的评价。

但是，其实这并没有什么值得称羡，他们能够立足于社会，凭的只是"证书"罢了，就算他们说这行有多赚钱，但他们的年收入最多也不过120万元吧？

那么，如果专业人士想要让年收入更上一层楼，不断聚富，应该如何突破？答案很简单。如果只是凭借"专业人士"这块招牌是很难赚到年收入120万元以上的，所以要像上一章提到的那位税理士柴田修一样，跳脱专业人士的思维框架，努力摆脱"证书的束缚"。

当然，要做到这点很困难，毕竟他们当初为了考证书，付出了许多努力。对他们来说，耗费大量金钱与时间才拿到的证书，是辛酸血泪的结晶，在他们眼里，这张证书有如散发着耀眼光芒的"金字招牌"。

也因为对证书寄予了厚望，所以才会对辛苦得来的证书如此眷恋与执着。通常耗费的成本与心血越高，就越难以割舍。如果投注的成本能在实际工作中收回，那也值得，然而，大部分的情况是难以如愿，经济学把这种无法收回的成本称为沉没成本（sunk costs）。

提到沉没成本，最著名的例子就是"协和式（Concorde）"超音速喷射客机。当初这款飞机是由英国、法国共同研发，据说在研发过程中，相关人员已经知晓"这架客机即使研发成功，也会亏损"的事实。

英法两国原本可以宣布停止研发，但为了不让已经投入的大笔资金付诸东流，就硬着头皮继续研发下去。这完全是因为受制于眼前的巨大亏损，心有不甘，觉得继续投入有可能收回成本。

然而，坚持继续研发的结果，只能是造成无法收回的资金越积越多，最后成了许多人记忆中惨不忍睹的失败案例。到了2003年，由于实在束手无策、无力挽回，协和客机只得退出民航市场。这个无法"断然撤退"（停损），让损失越滚越大的失败案例，经济学上将其称为"协和谬误（Concorde fallacy）"，成为行为经济学上著名的范例。

同样的，如果一个人不做任何努力，只是紧抱着证书不放，其未来会是如何呢？结果应该不难想象，很可能会与协和客机的命运一样。

事实上，靠证书挣大钱早已是过去式。因为专业证书的资格是永久的，取得后，除非犯罪，否则一辈子不会被注销，也就是说，取得证书的人数只会有增无减。另一方面，市场规模并没有扩大，甚至还会越来越小。以税理士为例，在这十年间，聘用税理士的企业实际上已减少了十万家。从需求与供给的角度来看，现在完全是供过于求的买方市场。他们已经不再适用"师"的尊称，而只是文书处理工作者，大家务必认清这个事实。

接下来也会提到，如果想要获得源源不断的财富，绝对少不了成功人士的协助与支持。如果不能被这些有影响力的成功人士青睐，进入团队一起工作，年收入几百万元恐怕很难。只是这些事业有成的实力派人士，对拥有证书的专业人士评价都不高。

许多企业总经理常对我抱怨："我最讨厌专业人士和顾问了！你们老是光说不练，根本不知道商海中的实际状况，只会卖弄知识！"对征战商海、一路过关斩将的企业家来说，专业人士和顾问的知识都只是纸上谈兵。他们为什么对这些持有证书的顾问或专业人员评价这么低，其中有一个重要因素，那就是这些专业人士不需要"采购",也就是不用借贷也能从事这份工作。企业家不想被一群"不须承担风险"的人左右其决策。因此，拥有证书的人无须执着于那张证书，如果认为证书是万能的，就会成为证书的奴隶。

一辈子只靠一张证书，那是本末倒置了，证书只是增加自己附加价值的工具，让自己更具竞争力，若成了证书的奴隶，完全是误解"目的与结果"的关系。这样的人不仅不懂得时时检视自己的竞争优势与业界的变化，而且难以跳脱"国家证书等于赚钱致富"的思维框架。

如果一味被一般社会认定的标准牵着走，不开动脑筋思索如何创造财富，最终将被淘汰出局。我虽然拥有二十几张证书，但和我拥有一样多证书的人大有人在。如果想要开创财富大格局，就不应该被证书绑住手脚，而是要摆脱加诸身上的头衔，凭借自己的实力在商场中一决胜负。要做到这点，我建议各位要常常自我省思，回顾自己过去的经历，找出自己的独特优势。

自己现在以及过去所累积的经验，可以反映出你一路走来的选择和坚持的信念，而这正是建立"个人品牌"的基础。因此，越是能看清过去的人，越能了解自己的优势，所建立的"个人品牌"也会越加稳固。然而，如果只是拼凑一些无关紧要的经验，并不具任何意义，而是要能将过去的成绩与经历，以自己一以贯之的主张提炼成个人的独特优势。

　　总而言之，做任何决定或选择都必须要有主张和坚持下去的信念，时时回顾过往，重新审视现在的自己，因为如同上一篇所说的，成功的未来取决于你过去的每个步伐。

19 结交有影响力的朋友

想要实现年收入600万元的目标，第二个要了解的就是："人脉带来财富"的意义。

无法赚大钱的人误以为只要提升自己的工作能力与专业技术，在工作中力求表现，就能不断创造财富。然而，如果没有遇到赏识你的人，很难有机会更上一层楼，获得巨富，这是完全不了解"人脉带来财富"的原因。

财富，始终脱离不了人情义理，这是千古不变的道理。

如果你曾经对在财务上出现困难的经营者伸出援手，大多数人都会铭记在心，一有机会就会介绍商场上的重要人士与你认识，或是提供有用的情报给你，这也是人与人之间最基本的"Give and Take"（有商有量，互相迁就）关系。

想在商场上生存，想要让钱源源不绝地流向你，最终还是需要借助人脉的力量。

能否认识各个领域的有为人士或实力强大的企业经营者，是让财富更上一层楼的关键点，光凭自己的力量绝对无法做大事业，成功的事业需要他人的一臂之力，特别是有影响力的人。如何认识这些人，并且让他们肯定你、认定你有前途，愿意提携你，是能否创造大财富格局的关键。

　　若是能得到有为人士的赏识，不仅能学到他们的成功法则，也能得到许多商场上的重要情报，最重要的是能得到他们的引荐，认识商业界更多的重要人物，在他们的指点下，把自己的事业做大做强。

　　我之所以能有今天的成就和财富，与得到许多有为人士的支持和帮助分不开。例如前面提到的那位银行副董事长，即是我大学刚毕业时在保险公司工作期间认识的企业家，也一直是我视为人生导师的贵人。

　　当时年轻的我血气方刚，因为一件小事就在公司夸下海口："三年内我一定可以拿到全国第一！"甚至下定决心，如果做不到就辞职。那时，为了提高业绩，最快的方法就是到银行拉业务。于是，我每天早上都去各家银行跑业务。由于很少有业务员这么做，所以特别引人注目，这位副董事长因此注意到我，甚至邀请我到办公室详谈。

　　当时我很诚恳地把来龙去脉告诉他，他很欣赏我的直率，因此从中撮合，让我有幸认识各家分行的经理，以及来往的政界人物和当地商界的有为人士。而且他不仅邀我一起打高尔夫球，也让我跟他一起出席许多重要宴会，可以说对我照顾有加。

有一次，他给了我受用一生的指点：

"你不是高学历的社会精英，但很有气魄，所以不妨放手去做，彻底找出对手的弱点，再用强悍的营销方式开拓业务。"

我谨记他的教诲，用强悍营销法成功助力自己的工作。由于这位副董事长的引荐与支持，再加上他亲自传授的方式奏效，我终于达到当年业绩全国第一的目标。所以，可以说认识他以后，我的人生也跟着打开了一扇门。

想要达到年收入120万元，可以完全按照自己的方式去做，但若想要更上一层楼，就必须深谙"人脉带来财富"的道理，否则很难不断向上攀登，让财富不断流向你。

既然如此，怎么样才能获得有为人士的赏识和提拔呢？

虽然这当中也要靠运气，但根据我的经验，这些有影响力的成功人士最看重的并不是一个人工作能力或他掌握的技术知识，而是他的本性、坚持和理念，是否有专注事业的毅力，以及做出一番事业的期待值有多高。当然，真诚也是不可缺少的品质，而这些都是做人最基本的态度，是伪装不来的。

这些成功者都有敏锐的观察力，他们虽然气度大、眼界高远，却总是严格检视身边的每一个人，观察一个人遇到问题时的应变能力。

　　例如有位人力资源中介服务业的总经理，虽是女性，却比男性企业家更有气魄。她善于社交，经常设宴款待宾客，不过她会从细节观察一个人，判断对方是否值得来往，包括别人让出座位时，会不会道谢，或是接受招待后，隔天是否会回电致谢。总之，这些成功人士会"通过你的一举一动观察你"。

第二章
重点整理

1."预算思考型"绝对无法创造更高的财富格局，以"投资思考型"的方式运用资产才可能创造巨富。

2.那些事业成功的有钱人往往会在事前进行详尽的调查和评估，因此他们做事的成功概率比一般人高，而这也是有钱人默默在做的事："掌握人生的契机。"

3.如果想要增加收入，就必须同时接受工作中"无趣"和"不开心"的事。

4.我们一旦贱价求售专业，就容易沦为客户的"奴隶"。唯有摆脱依附思维，不受他人摆布，才能掌控自己的时间和人生。

5.如果你无法成为别人眼中无可取代的人，便很难开创巨大的财富格局。

第三章

理财智慧

20 找问题不找借口

　　要从年收入120万元到600万元，不可能一蹴而就，中间一定会遭遇挫折与困难。遇到困难时该如何跨越障碍？这也是考验你能否不断累积财富的试金石。

　　如果将困境视为成长的动力，不断突破，你就会成为大家眼中"厉害的角色"，当然也会获得身边成功者极高的评价。因为大多数成功人士都曾经历许多挫折，身经百战，甚至将困境视为人生的必修课。

　　人如果不遭受痛楚，就不会有危机意识，也就无法学到真正重要的事。事实上，许多企业家都是在经历挫折后脱胎换骨，这也是他们为什么那么重视一个人如何在困境中自处的原因。

　　阻碍与挫折，虽然只是短短一句话，却是人生中的常客。例如遭人背叛、被信赖的下属带走客户自立门户，这种例子其实屡见不鲜。此外，资金周转出现困难也时有所闻，营业额明明呈现增长，但手边却没有钱可用，使得财务周转不灵，面临破产的危机，或是已经答应贷款的银行，却突然毁约。

除此之外，家庭关系也是一大考验，如另一半有外遇、离婚、孩子的问题等，也经常困扰着事业有成的企业家，这些都会考验一个人如何面对困境与挫折。

一般人面对挫折，大致会有两种反应，一种是"自责"，另一种是"他责"，自责的人会把问题当成自己的责任，他责的人会一味怪罪别人。根据我的观察，多数人都是用"他责"的态度看问题。

然而，责怪他人只会使怨恨的情绪高涨，对于解决问题根本没有任何帮助。我认为与其如此，不如一肩扛起责任，不再找借口，做好反击准备，反而能迈出解决问题的第一步。这样的做法不仅较为理性，也有助于保持身心健康。

例如我的客户中有位名叫黑川将大的社长，他经营了一家拥有五十家分店的美体按摩沙龙。黑川社长过去扩充得很快，一口气开了许多分店，但是后来受到金融危机的影响，原本和银行谈妥五家新店的融资，全都遭到撤资。最后因为开张在即，只好硬着头皮用现金开店。也因为这个缘故，本来经营顺利的事业，却面临下个月资金周转不灵的窘境。

然而，黑川社长当时十分果断，立即召集全体职员，先向大家致歉，然后诚恳地说明事情的来龙去脉，并沉重地表示公司正在面临延付下个月薪水的困境，他向大家深深一鞠躬，说："对不起，一切都是我个人的错。"一肩扛起了所有的责任。

黑川社长的坦诚感动了所有员工，他们不但没有对此口出恶言，反而对黑川社长勇于扛起一切责任的恢宏气度惊讶不已，也佩服他毅然采取行动，毫不隐瞒。

员工在深受感动之余纷纷团结起来，表示："既然这样，我们大家一起努力把业绩拼起来吧！"此后，每个人都自发地使出浑身解数，努力向客户推销产品，创下连续两个月业绩比上个月增加40％的惊人纪录，资金也因此得以顺利周转，让公司脱离了经营危机。

我自己也曾经遇到难关，当然情况不像黑川社长那样，那是我自行创业第二年遇到的人事问题，当时有位名叫笠井的女士来参加我主持的研讨会，会后向我表达她的工作决心："我想在职场上成为独当一面的人。"在了解她的状况后，便答应让她到公司上班。但是，在她进公司几个月后，有一天她接到几个奇怪的电话，谈话内容很明显不是关于公事，她的反应也很不寻常。追问之下，我大吃一惊，没想到她竟然欠了高达300万元的债务。

"我自己也不知道该怎么办才好。"她告诉我。当下我心想："真是看错人了。"接下来的三天里，我一直在想："到底该如何处理这位新进员工？留下她，还是开除她？"后来决定请教我的人生导师。

"当初是你决定雇用她的吧？身为企业经营者，就要负起一切责任。如果你真的希望让她成为独当一面的将才，就请替她承担债务！"导师的一席话点醒了我，我决定帮助这位员工。

我现在很庆幸自己当初的决定。现在我能够出书，也都是她的功劳。正如前面所说的，一切的结果都是自己的"选择"。我创业第一年的年收入就达到了240万元。当时赚到这笔钱后，不论是心情上还是生活物质方面，都感到心满意足，甚至觉得不用花那么多心思聘请员工，人生也很惬意，久而久之，也渐渐失去了企图心。但是，当笠井加入我的团队后，我就下定决心将公司的目标设得更高，追求更大的发展，而这个决定对我和公司，都是迈向全然不同格局的重要转折点。

笠井曾经创下在大型网购公司签约率达84％的傲人佳绩，也成为全日本排在前三名的超人气讲师，可以说是公司成功拓展市场的一大功臣。

21 将困境视为磨炼自己的机会

有的企业经营者经历过一次失败后，就会在心中留下阴影，不仅恐惧未来，而且自此以后还会悲观地看事情。

被客户背叛、员工卷款潜逃，一旦遭遇这类事情，就会心生恐惧，担心别人会不会又背叛自己，导致在人际关系上变得小心翼翼，不再花成本栽培员工。这种心态不但会让公司的做法变得保守，失去成长机会，而且还会使有远见的人离你远去。你若关上了机会的大门，自然也就不会遇到贵人。公司无心培养员工，又如何开辟疆土，负面心态只会让你最后落得个失败的下场。这样的人正因为完全沉浸在"过去"，才会导致无法看到"崭新的未来"。

相反地，有些企业经营者却将困境视为磨炼自己的机会，以乐观的态度面对未来。也因为抱持积极的态度，把挫折当作成功的学费，才能将经验用于未来发展。这种正面思维是成大器的关键，正所谓"挫折多大，收获就有多大"，因为我们能在困境之中学到的宝贵教训比顺境多得多。

有的企业经营者是以直觉行事。这并不是说他们的第六感特别灵，而是越有远见的经营者，遭受的挫折也越多。然而，他们会记住每次的教训，在做决策时能立刻与过去的经历联系起来，例如"这个人说的话跟以前某个人很像"，或是"以前就是听信这种说辞，才会惨遭失败"。

由于从失败中学到了一个又一个的教训，所以能马上判断眼前的人是将才，还是庸才。

同时，他们也能凭直觉判断事情的真伪与虚实。

比起一帆风顺，人们往往特别敬重经历过挫败的人，尽管坏事传千里，但是好事也不会就此被埋没。

"那位经营者特别能将失败转化为成功的动力，不断成长。"这样的赞赏往往会在业界口口相传。因为在那些有为人士的心中，总是不断盘算着如何延揽优秀人才成为自己商场上的伙伴。

总而言之，日常生活中的行动与应对，会影响开创事业的机会。

遇到挫折时，如果能克服困境，就有可能看到柳暗花明后的美景；有时即使努力咬牙撑下去，仍然无法渡过难关，无奈面对破产的命运，但人生难免会有失败，这是人生必经之路。

重要的是，失败后的应对态度和行动力，这才是决定日后能否东山再起的关键。因为处理失败的态度将影响别人对你的信任和评价。遭遇破产，不是先想到自己，而是将公司的钱优先支付给员工，这样的经营者才有东山再起的机会。相反，把公司剩下的资产挪为己有，卷款潜逃，这种经营者绝对不会有卷土重来的机会。

前面提到的大隅彻，他在面临公司破产时，虽然没有一走了之，却成了足不出户的"茧居族"，这也是没有担当的作为，身为企业经营者，就该负起照顾员工的责任，履行对客户的承诺，努力收拾善后。如果公司实在无力解决财务问题，也应该诚恳地向所有人道歉，但大隅彻当时却选择了逃避。

幸运的是，他最后还是试图振作，决定到我的公司重新开始，我要求他在进公司之前，先回故乡向过去的员工和客户一一致歉，表达绝对会给大家一个交代的决心，并说服过去的客户，让他们相信："我即将去广岛的OFFICIAL公司开始新的工作，未来一定会努力工作，赚钱还给大家，请大家给我机会。"同时也告诉他们，"即使身上只有5元钱，也会持续还钱，绝对不食言。"

相信只要规规矩矩地还款，机会一定会再次降临，甚至遇到改变一生的贵人。一个人金钱可以破产，但人格绝对不能破产，希望大家要谨记于心。

22 独占不如把饼做大

如果懂得进一步放大"人脉带来财富"的处事原则，就会看到"分享"的惊人效果。

把知识或技术分享给为自己带来财富的人，往往会带来更多财富，形成螺旋式的良性循环。例如前面提到的连锁美容院的董事长，就很大气地向同行公开自己所有的专业知识和经营心得，不仅乐于和他人分享自己的经验，而且从最基本的美容知识与专业美容技术到各项经营诀窍，他都大方地用实例指导同行。

他表示："一个人独占某种技术或概念，其实一点儿好处也没有。独占的结果只会让整个业界没落萧条，不是吗？美容产业若是发展得不蓬勃，自己的事业也跟着受影响。所以，最好的做法就是不藏私，把自己的秘诀跟大家分享，才能带动业界欣欣向荣。"

也因为这个缘故，追随他的人越来越多。因为他乐于分享的本性，形成一股"向心力"，而这张人脉网络也为他带来更多、更大的利益。

例如有一年他想扩充店面，但开设一家全新店铺需要耗费不少成本，他不希望花那么多钱，他觉得最好的方式，就是找一家既有的店面重新改装，如此就可以减轻成本负担。正当他这么盘算时，"好消息"就传到了他的耳朵里："有间在中心地段的美容院虽然生意不错，不过听说老板欠了一笔债，急着想把店面便宜卖掉。"

这个例子说明了：如果你乐于分享，就能构筑如同蜘蛛网般的人脉网络，轻易网罗有用的情报信息。尤其像这类情报，大多是掌握在有商业往来的美容业者手中，而这些"情报通"会自行斟酌，该把最好的情报信息留给谁。因为乐于分享的本性，使得这位美容业经营者成了大家心目中最乐于分享的人。与人分享也有助于市场开拓，而想要获得更大的财富，就必须不断地拓展市场。

"我们公司的市场占有率高达100％！"即使以这样的成绩自诩，但如果市场规模是6万元，就表示公司的营业额也就只有6万元而已。我认识一位拓展市场的高手，他是年营业额12亿元的健康饮料公司的负责人。这家公司主打健康饮料，目前的市场规模已达到60亿元，但起步时市场规模非常小。

为了开拓市场，这位社长拜访了知名大型饮料相关企业，并且向他们提议："健康饮料的市场前景看好，绝对会是饮料行业下一个主流产品，不知贵公司愿不愿意和我们一起携手开发？我们可以共享利益。"

具体来说，如果把市场规模拓展到60亿元，并且获得其中20％的市占率，估计年营业收入就可达到12亿元。

当然，这不是想做就能做得到的，毕竟每个人都害怕新的竞争者加入战场，都想阻止对手进入。更何况，若是大型企业来势汹汹奋起直追，很有可能瓜分自己原有的市场。所以，一般人通常都会想办法提高加入的门槛，以防市场被瓜分。

然而，这位社长却不这么想。他认为若是照目前的情况，市场规模无法扩大，而以现有的市场规模来说，即使独占整个市场也不可能有巨大的获利。与其如此，不如增加社会大众对商品的认知，拓展市场规模，反而对自己有好处。

他评估了一下，觉得很难凭一己之力扩大市场规模，需要借助大企业的品牌做后盾，所以他才主动邀请大型企业加入市场。换句话说，他不是把对手一脚踢下去，而是把对手拉进来，共享利益。这是十分高明的商业策略，如果不是跳脱一般思维，从更大的格局来思考问题，就不懂得反其道而行的威力。

至于结果，一如这位社长所预期，由于大型饮料企业相继进入这个市场，市场规模不断扩大，他们公司的营业额也随着市场规模扩大而增加，业绩一飞冲天。

23 从"侧面"了解对方

人一旦了解"人脉带来财富"的真意，就会改变经营方式，在设定经营目标时，也会更有远见、想得更周全。

我们公司的顾问六信浩行先生就曾说过，没有远见的业务员，在看到眼前的业务目标时，会盲目地展开攻势，这种蛮干型的业务员，往往不顾后果，只追求眼前的利益。然而，年收入600万元的人，并不会贸然展开业务攻势。他们会先观察目标的背景，巨细无遗地掌握各种线索和整体形势，因为他们深知，最好的进场时机绝对是需要等待的。

背后是谁在操控、拥有什么样的人脉、是否有靠山、资产有多少、周遭人的评价如何，以及对方为什么从事这份工作，他们都会调查得非常彻底，观察并探知对方的想法。充分掌握了这些信息后，才会从对方的人脉网络预估市场的大小。

经过一系列的观察、判断，他们才会采取一连串的策略展开攻势，而且不会在一开始就直接对经营目标推销商品，而是先努力和目标对象处理好人际关系，增进彼此的情谊，例如款待对方、给对方有用的情报信息，或是居中斡旋对目标有益的商场交易，总之，会用尽一切方法取得对方的好感和信任。一步一步建立起信任关系后，再通过目标对象从中牵线，将他背后做决策的重要人物拉进来做生意。

在目标对象成为合作伙伴后，对方自然会积极介绍他的人脉网络，没有比这个更具说服力的生意方式了。因为这样一来，就能在极为顺遂的情况下展开大规模的商业活动。

与其为了眼前的小利采取各个击破的强迫推销手段，还不如通过人脉产生联结综合效应来掌握庞大的商机。从某个角度来看，这正是基于分享精神、扩大市场规模的最佳策略。

24 真诚待人，贵人处处

"人脉带来财富"，其实也是六信浩行一再强调的"身价是由别人决定的"，这两个观念都一针见血地说明了人际关系决定一个人的财富格局。

对自己的表现沾沾自喜，或是自我感觉良好的人，其财富往往仅止于年收入120万元。想要达到年收入600万元，就必须让周遭人对你有极高的评价，才有可能扩大事业版图。换句话说，如果没有得到有为人士的认可，你只能终日为小利奔波，赚不了大钱。

摆脱不了"依附思维"的人，便无法达到年收入600万元的目标。当然，我行我素，全凭自己的意思行动，也不会有人缘，也得不到周围人的协助。所以，最重要的是洞悉人性，掌握分寸。

我认为一个人要保持两面性，心中就要有两个轴心。第一个轴心是"个人品牌"的基础，也就是理念与坚持，但是只有这些还不够，同时还需要另一个轴心平行并进，那就是真诚待人。唯有这两个轴心取得平衡，才能淬炼出自我价值，让自己成为真正的有钱人。

每当我在研讨会上提到这些观点，有的人很快就明白，原来这辈子无法挣到大钱的人，就是因为没有取得两者平衡；但也有人抗拒这种说法，这样的人我想他一辈子很可能都与财富无缘。

拥有"真诚"的心固然重要，但每个人所处的状况、拥有的人脉毕竟不同，若是为了想和我有相同的境遇而采取同样的行动，就本末倒置了。

所以若有人问我："该怎么把这两个轴心，用在自己目前的状况上？"就表示他没有真正了解经营个人品牌与真诚待人的含义。如果不能体会个中道理，就无法得到别人的认可，自己的身价也不会有所提升。想让带来财富的贵人赏识你，只有时时保持两个轴心的平衡才行。

25 不会搞错"论语"和"算盘"的顺序

那么拥有600万元年收入的人，究竟具备什么样的"金钱观"。

事实上，从"金钱观"与"用钱术"，就可以看出巨富者对金钱的欲望和世事的态度。根据我的观察，年收入600万元的人的用钱之道往往有法可循，那就是彻底把钱花在刀刃上。

《论语与算盘》这本书是享有日本资本主义之父美誉、对日本经济发展贡献卓著的涩泽荣一所写（译注：日本明治和大正时期的大实业家，1840—1931年）。他因幼年深受《论语》伦理观的影响，所以一生都在思考如何将伦理与经济"利益"妥善结合，这也是《论语与算盘》一书主要的宗旨。

这本书主要是阐述，一个社会若要让经济发展进入更高的阶段，就不应该让少数人独占社会财富，而是将社会财富共享。这种不独占、乐于分享的想法与我前面提到的"分享"精神不谋而合。

我认为"论语"代表的是人情义理，"算盘"指的是金钱财富，面对金钱最重要的是如何灵活运用。有钱人通常都精于此道，不会弄错先后顺序，做生意也都精打细算，总会不断盘算着："这笔生意有赚头吗？不会亏本吗？"如果不确定有获利空间，就不会做这笔生意。

贫穷思维者却会冠冕堂皇地说："即使赚不到钱，还是想回馈社会。"成功拥有巨富的人一开始就不会这么想，他们会在赚取足够的利润之后，才把财富分享给他人，这种做法既符合人情义理，也达到了共享的目的。

贫穷思维者往往错置先后顺序。

他们会因为人情义理接下生意，最后却因缺乏形势判断，不得不放弃事业，使自己落得个"只会说大话，毫无能力"的负面评价，生意失败了，最后也只能遣散员工，甚至缴不出税金。付不出税金的公司，根本谈不上为社会做贡献。

我认为对于没有胜算的生意，一开始就不应该接手。

我认识一位企业家，他是第一位在家庭餐厅开设饮料吧的人，十分擅长让亏损的事业在一年内起死回生。他的秘诀是"成本计算"，决定一笔生意前，他会先思考全局，再彻底调查、分析做这个生意能获利多少。

若判断能获利，就接手；若没有市场，便断然拒绝。或许有人会觉得他"太冷血""太苛刻"，但是如果不苛刻，事业如何经得起市场考验，顺利经营下去？

他一旦决定接下亏损的企业，不但不会大肆裁员或遣散员工，反而会重用旧员工，担心裁员会使员工一家老小的生活陷入困境。他认为要经营好事业，就要有承担员工生计的责任感与决心。

这也是他不贸然承接生意的原因，做决定前总会精细地计算成本，拟定明确的经营计划，全盘掌握后，才进行下一步动作。

此外，拥有巨富的人也不会轻易借钱给别人。

松下幸之助曾经对登门借钱的人说："我没办法借你钱，但我可以介绍一个人给你。"松下幸之助当下考虑的是"借钱给他，真的对他有帮助吗？还是介绍人才给他、教他工作上的技术对他才有意义？"这是何等有远见的做法，到了松下幸之助这个境界，看人自然不同于一般人。

事实上，我在借钱给别人时也会慎重思考，尤其是对有过失败经历的人，更是谨慎，因为有些人总是一再重蹈覆辙，接二连三犯同样的错、遭遇相同的失败。明明过去曾因为预算超支而亏损，借到钱之后还是不知节制，完全没有得到教训。我认为不应该借钱给这样的人，日本有一句俗话说："夏炉冬扇。"也就是夏天烤炉火，冬天扇扇子，做法完全颠倒，毫无策略。

当有人向我借钱时，我一定会先思考："现在他最需要的是什么？对他来说，这笔钱会不会是夏天的炉火？他真的能妥善运用这笔钱吗？"如果判断借了也没用，不论对方再怎么恳求，我都不为所动。事实上，许多有钱人也都认为这是最不值得花的"冤杆钱"。

说到"冤杆钱"，有家建筑公司的社长曾经给我一生难忘的提醒。

在我们一同前往泰国的某个半夜，有个小女孩在街角卖花，大概只有小学一二年级那样大。我因为也有女儿，看了很心疼，于是便买下她所有的花。心想，这样一来，小女孩应该能饱餐一顿吧。然而，那位同行的社长知道后非常生气地告诉我：

"你以为你给的钱会到那个孩子手中吗？最后都会被抽走！这点道理你怎么不懂？你的行为不过是廉价的慈悲！真的想要帮助他们的话，就应该在这个国家开公司，雇用穷人，给他们薪水！"

我当下哑口无言，想想也确实如此。因为一时的冲动而感情用事，不但没帮到对方，反而对她造成负面影响，这种做法实在不是智者所为。另一方面，我也深刻体悟到，对一个企业经营者来说，看穿问题的本质才是最重要的。

或许有些人会因此误以为有钱人都是小气鬼，其实根据我的观察，许多事业成功的人，不但对事业充满热情，也很乐于关怀他人，对于值得信任的人，更是照顾有加。

前面提到的连锁美容院的董事长也是如此。有一年他手下有位造型师，为了照顾父母不得不回乡工作，而这位董事长为了帮助他，亲自前往当地的美容院帮他安排工作，让他无后顾之忧。对于离职的员工还能如此尽心照顾，这正是拥有财富者在思维上与一般人的不同之处。

26 不花去向不明的冤枉钱

平时不花一分冤枉钱，但该花的时候丝毫不手软，这是有钱人才有的金钱思维。例如有位保险业的传奇业务员，花起钱来十分豪气，绝不锱铢必较。

他在踏入保险业之前，在销售电子和通信仪器的大公司担任销售员。由于公司只重视研发人员，所以他心想跑业务的自己就算继续待下去也不会有多大的发展，于是决定转换"跑道"，改当保险业务员。

他当时拿了60万元的离职津贴，可是他竟然把这笔钱全都拿来招待朋友，这实在不是一般人会做的事。进入人寿保险公司后，由于薪水是佣金制，没有固定的底薪，所以每个业务员都舍不得花钱。

可是他却一反常态，有着与一般人不同的胆识与决心。他告诉我："因为我喜欢与人相处。"顿时，我明白他为何愿意把离职津贴全部用来款待友人，这是个人兴趣和工作完美结合的表现。

离职后，他在新宿一家商务旅馆设宴款待同乡会的成员，以及大学母校的校友，除了向大家报告自己换新工作的消息，也请这些朋友日后多多关照。他是个极具领袖魅力的人，宴席上举手投足都充满自信，当然很快取得了这群各行各业精英的信任。

这次聚会后，很快就有人替他引荐各大银行的经理，再通过分行经理结识了龙头企业的重要人士。这样的人脉效应，使他在人寿保险公司连续四年拿下全国第一的傲人成绩。这个惊人成绩正是由于他懂得善用过去累积的人脉，加上努力勤跑业务获得的。至于他过去投资于人脉经营的钱，当然早就回本了。

把60万元全都用在人脉的经营上，确实是他异于常人之处。但不可否认的是，他能创下如此惊人的业绩，其实是源于他和客户之间建立起深厚的"交情"。年收入高达600万元以上的他，堪称保险业务界的传奇。

他曾对我说他之所以能创下如此傲人的业绩，秘诀就在于："因为大家都喜欢我。"我很惊讶，一个人竟会对自己如此充满信心。但不要以为他只靠人脉，他工作其实非常拼命，就算会搞坏身体，他也从来不推辞和客户应酬、打高尔夫球，甚至每年还会带客户出国打球。看得出来，他为了与客户建立起稳固的关系，付出了许多心血。

据说有一年，他手上只有三个客户，但依然达到600万元的销售业绩，这让他身边的所有人都震惊不已。也就是说，一个客户就能缔造上百万元的业绩。由此可见，只要锁定客户群，与有为人士彻底处好关系，就有机会成为千万富豪，这也是他独到的业务风格。

他这种独特的思维也让他后来成为保险业的传奇人物，处处受邀演讲。而他每次演讲一定都会告诉大家："秘诀无他，就是多照顾别人。"同时，他也一定会提到踏入保险业之前，将所有离职津贴用于款待友人的故事。

当然如果真的效仿他，以同样的方式款待朋友，结果不一定如他飞黄腾达。毕竟每个人都必须忠于自己的想法，以极大的决心一掷千金，才有可能成就梦想。否则，画虎不成反类犬，只学皮毛极有可能落得破产的下场。

"不知道花到哪去的钱就是冤枉钱"，这是他告诉我的金钱智慧，而他致富的传奇也都浓缩在这句话里。

他的例子也告诉我们，想要挣到大钱，就必须如我前面提到的，要掌握两个轴心，缺一不可，不能全盘接收别人的做法或想法，一定要有自己的坚持与信念，如果不能悟出成功人士致富的真理，便很容易在人生路上失去方向。

只学皮毛，终究会以失败收场。

27 花钱得来的才能使你成长

为什么赚取巨富的人，都坚持不乱花钱？那是因为他们深刻了解金钱的价值。仔细想想，做生意本来就是风险重重。

多数的买卖交易都必须先从采购开始，把商品卖出后，才会产生利润。如果不先借钱采购，便无法开始做生意。非上市公司的经营者如果要向银行贷款，必须有人出面担保，公司一旦经营不善，就有背负债务的危险。

专业人士从事的工作或做顾问工作，与做生意买卖完全不同，这些工作不需要采购，也不用借钱就能做，对那些拥有巨额财富的企业经营者来说，这些专业人士或顾问总是满口理论，他们觉得那些不敢赌上身家财产的人，都是纸上谈兵。

这也是为什么有"虚业"与"实业"之说。生产物品或提供服务，从中取得收益的就是实业；没有生产物品或提供服务，却能得到收入的，就是虚业。基金即是典型的虚业，通过左右金钱的流向赚取差额，这只是一种商业模式。

这类虚业家并不了解金钱的真正价值，因为他们在商场上操纵的金钱，全都是"别人的钱"。由于不是自己的钱，便少了一份真诚感，所以才会大玩超出自己能力范围的金钱游戏，这也不难理解，为何全世界要一致谴责引发金融风暴的华尔街了。

有些资本家在金融危机中，几十亿的投机资金在一夕之间化为废纸，正所谓"虚业"一场。

历经各种困境与挫折才逐渐致富的实业家，则非如此，他们赚来的每一分钱都是实实在在的，并且是一步一个脚印地慢慢累积而来，所以不该浪费的，他们绝对紧抓不放。再加上他们所经营的事业往往充满风险，因此投注的热情也非比寻常。他们这股超出常人的决心和热情，正是来自赌上身家财产的魄力。

说得极端一点儿，人生在世，不是成功，就是失败，两者相距毫厘而已。做生意一定会遇到"一决胜负"的关键时刻，能否坚持到底的决心和是否拥有赌上身家财产的勇气是生意成败的关键。

我自己也是企业经营者，所以对于其中的道理深有所感。例如我发现很多人对于免费的研讨会和花钱参加的研讨会态度很不一样。人会因为不想让自己投资的钱白白浪费而认真学习，希望有朝一日能学有所用。相反，不用花钱参加的研讨会，学习态度就很随便。

这也是为什么"花钱得来的"才能使人成长，不是自己的钱，往往得不到教训。

28 认真对待赚到的每一分钱

许多有钱人不但不会浪费一分钱，而且对钱极为重视与爱惜，这也是想要成功挣大钱的最重要的金钱态度。

不论印制钞票的技术有多么先进，钱说穿了只是一张纸而已，钱不像黄金本身是有价值的。它不过是国家根据法律赋予价值的通用货币而已。

话虽如此，为了赚到一张钞票，到底需要花多少心力？毕竟许多人终其一生的理念与坚持，全都凝聚在这一张小小的纸片上。

这是相当重要的金钱认知。能够深刻体会金钱意义的人，便具备了有钱人的潜质。相反的，不能体会的人，一辈子很可能都与财富无缘。

六信浩行除了是我们公司的顾问，还担任我们公司的培训讲师。有一次，他手拿钞票，对大家说：

"你们知道这一张一张钞票代表什么吗？江上社长（指我本人）手上的钞票，和你们手中的钞票，意义完全不同。江上社长手里的钞票，包含了他过世父亲的理想，也铭刻着江上社长过往的辛劳。他当年创业，为了付钱租场地开办研讨会，一个人拼命努力赚钱，你们如果对手中的钞票，没有这种深刻的情感，就不会懂得金钱的意义。"

深受夸奖虽然让我有些难为情，但也不得不说他说得确实很有道理。

会赚钱的人与不会赚钱的人，两者之间的差别就在这里。会赚钱的人，深刻了解金钱的意义。从一个人的一举一动中，就可以看出一个人在不在乎金钱。有些员工在跑业务时花了许多交通费，尽管总是无功而返，却一点儿也不在意。交通费虽是业务所需的经费，但一个人如果少了"花这么多钱，说什么也要赚回一点儿"的企图心，绝对不可能赚到钱，工作上也不会有任何收获。

六信浩行有着令人佩服的坚定信念。以前他自己经营公司时，就以超乎常理的方式付钱给客户。他会把钞票一张一张用熨斗烫平，然后放进信封里，让员工直接送到客户手上。他说，这是教育训练的一环，目的是为了让每位员工了解金钱的可贵。

用熨斗熨过的钞票，每一张都平展如新。他说，客户收到这样的钱，心情自然很好，在心里油然升起"感谢你为我做这么多"的谢意。

多数人看到干净的钞票时，心情都会特别好。了解金钱价值的人，往往都会把钞票整理得平平整整，这也是为何银行业一贯以新钞与客户往来。

反观平价居酒屋或大众连锁餐厅收款机里的钞票，总是皱巴巴地散乱成一堆，一点儿也不被爱惜。如果没有心思把钞票整理得平整干净，绝对不可能赚大钱。

六信浩行为何对金钱有如此深刻的体会呢？这其中是有原因的。

六信浩行在21岁时回到家乡，当时日本的泡沫经济即将崩解。那时他父亲重病缠身，身为长子的他必须扛起家庭的重担。老家长年经营寝具店，但因为跟不上时代潮流，濒临倒闭。

"到底该怎么办才好？"眼看整个社会沉浸在泡沫经济的纸醉金迷中，自家店铺就要关门大吉，自己却无能为力，加上家中急需一笔为父亲治病的医药费，所有重担顿时如海啸般排山倒海而来。但一个拥有大格局的人在山穷水尽时，往往能化危机为转机。

他想到店里还有囤积如山的库存品，与其放着，不如在附近空地举办促销活动。于是，他开始挨家挨户地发传单，而且他深知如果只是白纸黑字的传单，太过单调，起不了作用，于是灵机一动到河边摘了许多野菊花，用纸加以包装，连同传单一起发送给大家。

这正是礼轻情意重最好的展现。有钱当然可以制作精美的传单邮寄给每个人，但没钱就只能用诚心与创意一决胜负。

没想到大家的反应出奇地好。从来没有收过附上鲜花传单的居民纷纷心想："既然这么有诚意，就去看看吧！"因此，当天举行的促销活动吸引了许多人，而原本堆积在仓库的棉被、枕头，也都销售一空。

这次的经历让他发现了自己的经营天赋，也因此开始了他的业务生涯。努力很快有了收获，才23岁，他的年收入就超过600万元，成了传奇推销员。在他的事业达到巅峰时，他甚至推销过和服、珠宝等各种物品。

一路的奋斗，使他比谁都爱惜金钱。他打从心底了解"人脉带来财富"的道理。因为财富不会从天上掉下来，每分钱都必须脚踏实地努力耕耘，靠着长期累积而来的良好人际关系才能得到。

正因为如此，他才如此爱惜金钱，即便他已是亿万富豪。

29 珍惜捡来的 100 元

"如果在路上捡到100元，你会怎么处理？"

事实上，从你的答案中，就可以看出你的金钱认知与财富格局。

如果你想把手边的100元拿去买口香糖、巧克力、糖果、快餐等无关紧要的物品，那你从现在开始就要改变观念。因为从你的"选择"里看不见任何坚持与想法，只有消费欲望而已。

会赚钱的人绝对不会如此，他们一定会用来"投资自我"。

姑且不论100元能买什么东西，这些有钱人会盘算着如何将它用在与自己的优势、梦想有关的事物上。

前面曾提到建立个人品牌的重要性。想要打造个人品牌，就必须坚持自己的基准点，而当中最重要的关键就是维持"一致性"。其中最显而易见的，就是用钱之道。

会赚钱的人或是事业有成的人，不会把100元当作小钱看待。不论是100元，还是100万元、1亿元、10亿元，在他们眼里都是一样有价值，他们都会把它用来强化自己的优势。所以，他们不会为了短暂的喜悦或突发奇想的欲望而花钱。

例如前面提到的传奇保险业务员，他最在乎的是如何取悦身边的朋友，所以他会想尽办法用这100元给客户带去惊喜。又例如那位擅长挽救濒危企业的社长，心里所想的也是如何用这100元让事业起死回生。会赚钱的人，就是这么在乎每一分钱。因为他们心心念念的是心中的那份理想能否实现，所以支持他们的人也就越来越多。相反的，没有理想的人，往往会因为一点儿突发状况就受挫。

许多人常常抱怨"没钱""薪水不涨"，其实，抱怨之前最好先检视自己都把钱花到哪里去了。因为只会抱怨薪水少的人通常不会想到要投资自己、提升自己的能力，努力让薪水有上涨的空间，而且往往用钱无度，不知节制，比如看电视购物节目时，就会以为"擦这种乳液，皮肤就会光滑细腻""用这种锅，煮菜时就会轻松许多"，常常因为一时的冲动，买下许多不实用的东西。这种消费行为，根本无法让自己变有钱。

如果不懂得将钱投资在加强自我的优势上，这辈子就很难攀上成功的阶梯。

不知如何妥善运用捡来100元的人，不妨从现在开始，好好想想什么是你愿意不顾一切坚持到底的事？能让你斗志高昂、奋力完成的又是什么事？试着找出来，并让它成为你这辈子努力的目标。

从某个角度来说，思考100元的使用之道，有助于你找出这辈子的志向与坚持。

30 把自己当成品牌来经营

前面提到没有理想与无法坚持到底的人，会因为遭受一点儿挫折而一蹶不振或深受打击，这是有实际根据的。

从表2的数据大家会发现，没有建立个人品牌的人或公司，往往难以适应外在环境的变化。这份统计调查报告显示，影响企业获利的主要原因，有46％是受到日元升值、地震灾害、新兴国家崛起等外在环境因素的影响。其中最容易受到外在环境影响的，都是一些没有建立个人品牌的企业及个人，也就是没有明确理念与愿景的组织或个人。

外在环境的影响中，有一项因素是产业的游戏规则改变。我从前待过的保险业也是如此，不少业务员都是靠着游走法律边缘的灰色地带大赚一笔。然而，这种做法并不能长久。因为只要规则一改，就只能被迫离场。据我所知，许多保险业务员就是因为这样而离开保险业。因此，利用小聪明等取巧方式赚钱，都不过

表 2　企业利润的来源

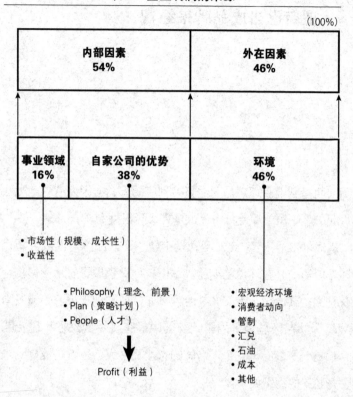

（100%）

内部因素 54%	外在因素 46%

事业领域 16%	自家公司的优势 38%	环境 46%

- 市场性（规模、成长性）
- 收益性

- Philosophy（理念、前景）
- Plan（策略计划）
- People（人才）

↓

Profit（利益）

- 宏观经济环境
- 消费者动向
- 管制
- 汇兑
- 石油
- 成本
- 其他

出自：Stephen・P・Bradley 教授（哈佛商学院）

132

是短暂的投机而已。

那些拥有个人品牌的有钱人或公司，即使市场环境不断变化，还是能持续成长。因为他们并不是用一时的知识或技术一较高下，而是把理念当作武器，在激烈的商战中走出自己的商业模式。

能让他们在竞争中脱颖而出的，是他们不受环境变化影响的实力，以及打造出来的个人品牌。始终如一的理念与核心竞争力，才是在时代潮流中屹立不倒的关键，因为唯有不受潮流影响的理念才会逐渐转化成一种普世价值。

日文里有"不易流行"这句话，其中的"不易"指的正是跨越时代藩篱，恒久不变的意思；"流行"则是指随着时代变迁而改变的事物。

如果想要赚得更多、经营得更久远，就要摆脱时代的束缚，以"不易"的优势在竞争中生存下来，这也是想要不被时代淘汰就必须建立个人品牌的原因，因为唯有用自己的核心理念吸引大众才可能长久。

31 将 "投资" 看成 "借贷"

年收入600万元的人，其收回成本的能力也十分惊人。会赚钱的人通常会把他们手中宽裕的资金全部拿去投资，在期待超出投资金额的收益下，当然也会力求回本。

我认识一位事业有成的企业经营者，他至今仍然把投资在他人身上的资金，归类在资产负债表中的 "借贷" 项目里，而且执行得十分彻底。

以下将介绍我所认识的有钱人经常使用的资金运作方式。

一般的管理系统采用的是PDCA循环（译注：这四个英文字母分别指代Plan，Do，Check与Action。最早是由美国质量管理专家戴明所提出，所以又称为 "戴明循环"），不过我将它重新诠释，并以 "计划、行动、检验" 作为基础。

所谓的 "计划"，就是寻找适合的投资目标，如果想要有效运用资金，获得较高收益，就必须进行相关调查。接下来是 "行动"，也就是实际的投资行为，最后是"检验"，回收付出的资金。这是比"行动"更重要的步骤，企业经营者必须具备让资金回本的眼光和能力。企业经营者推出"个人品牌"接受市场考验时，最重要的就是形象，否则就只能沦为市场老二和老三。

实际运作资金，不仅能通过资金的流向学到基本的商务知识，也能洞悉人情世故，还是员工教育培训的最佳教材。虽然我们公司目前还没走到这个阶段，却是今后发展的重点。

但是，每当我在理财研讨会上这样说明时，许多人都会提出质疑，表示："这太过功利，不符合日本人的金钱观。"听到这些批评时，我都会请他们重新检视自己的金钱价值观。

试想，父母为什么要求小孩补课？为什么多数人强迫自己学英语或是考证书？为什么要看一堆商业书籍和教人赚钱致富的书？这些不外乎都是因为你期待收益，不是吗？

希望孩子将来有高学历，所以让他去补课；努力学英语是为了职场升迁；至于读书考证，是觉得考取后，人生就可以步上坦途；而购买经管类图书或教人赚钱的理财书，也是因为想要吸收赚钱的智慧，改善自己的财务状况。

每个人都期待收益。如果想要赚钱致富，就应该诚实面对自己的心；想当一个称职的商务人士，就必须在商言商，彻底把自己当成商人。

如果没有明确的目标，这辈子绝对不可能成功挣到大钱。成功的反义词不是失败，而是放弃。只要不放弃，就有机会成功。这时候最需要的，就是忠于自己的心，始终如一，坚持到底。

32 建立多重收入渠道，分散危机

    一般人往往只注意金钱方面的资产，但我认为想扩大财富格局，更应该注重人力资源的价值，也就是人脉与员工的经营。我们可以从一些理财实例，看看那些有钱人，为了实现"永续经营"，都做了哪些事。

    表3、表4是一家连锁美体按摩沙龙的社长的资产全貌，将其个人资产中的金钱流向"可视化"之后，便能清楚了解他的金钱智慧。其中有几个值得注意的地方。首先是他有好几个收入来源，包含妻子与长子在内，一共有三家公司的董事薪资收入，更拥有四家公司的顾问费。除此之外，还有来自公寓大厦、自家公司大楼，以及职员宿舍等房租收入。

    建立多重收入渠道，是危机管理的铁则。算算这位社长的收入项目，竟多达十四项。通过成立分公司的方式，即使一家之主的他发生意外，也不会断了收入来源，影响家庭生活。

也就是说，他建立的这套资金体系，能够应付外在环境的改变以及各种突发状况。将来孩子继承家业时，这套资金体系同样也能正常运作。对他来说，为接班人做妥善布局是最重要的事。

第二个值得注意的是，他借贷给别人的金额（出资金）相当高。仔细分析这个账本会发现，他价值4800万元的资产中，就有1800万元是用于借贷给他人，占总资产的比例非常高。也就是说，他将超过30%的资产都用来投资，这如同一个月收入1.8万元的家庭拿出5400元来投资。

这笔借出去的钱当然不会白花。他借出这些款项，就是期待日后有所收益，虽然无法立即收回，但他将眼光放在将来。更重要的是，他没有想独占财富，而是本着利益共享的精神，回馈给身旁的人。他不在意眼前的利益得失，而是以中长期的目标建立自己的资产。

第三个重点是，他用于生活的支出相当少。全家人的伙食费只有4200元，通信费1080元，交通费2520元，完全看不出是年收入超过600万元的富豪阶层，据说他有时晚餐甚至只以泡面果腹。总之，他除了事业以外的支出或投资，一分钱都不乱花。

但有趣的是，他的治装费却高达12万元，这是因为他的太太从事服装的相关工作，所以服装也就成了不可忽略的专业支出，而他的外食费和交际费也不少，这不是因为他喜于享乐，而是他

表3 利用消费损益计算表区分家计的"收入"与"支出"

单位：人民币（元）

	项目	金额
收入（每月）	夫 董事薪资（A公司）	60000
	董事薪资（B公司）	240000
	妻 董事薪资（A公司）	18000
	董事薪资（B公司）	90000
	董事薪资（C公司）	60000
	长子董事薪资（B公司）	42000
	董事薪资（C公司）	30000
	夫 顾问费（a公司）	12000
	顾问费（b公司）	12000
	顾问费（c公司）	12000
	顾问费（d公司）	12000
	公司宿舍租金	18000
	公寓大厦	24000
	自家公司大楼	60000
	收入合计（每月）	690000
税金（每月）	税金（40%）	276000
实质收入（每月）		414000

	项目	金额
支出（每月）	伙食费	4200
	通信费	1080
	交通费	2520
	水、电、燃气费	2400
	报纸图书费	600
	治装费	120000
	保险费	30000
	日常生活费（每月）共计（160800）	
	外食费	30000
	交际费	30000
	医疗费	1200
	旅行费	6000
	给夫家双亲的生活费	30000
	给妻家双亲的生活费	24000
	其他生活费（每月）共计（121200）	
特别消费（每月）	不动产贷款	90000
	欠其他人的债务贷款	30000
	有价证券卖出收益	0
	特别支出等（每月）计（120000）	

项目	金额
收入／每年	8280000
税金（40%）／每年	3312000
实质收入／每年	4968000
日常生活费／每年	1929600
其他生活费／每年	1454400
特别支出／每年	1440000
当期消费损益	144000

表4 利用财务对照表计算实际财产

①填写各项资产的金额并合计

资产	金额
现金	300000
活期存款	900000
定期存款	1800000
借贷给别人（出资金等）	18000000
自家	3000000
公寓大厦	6000000
大楼	6000000
海外不动产	3000000
储蓄保险	6000000
可套现的高价品	2400000
其他资产	600000
资产合计　A	48000000

②填写各项债务金额并合计

资产	金额
负债	金额
房屋贷款	10800000
其他借款	3600000
负债合计　B	14400000

③计算出实际财产

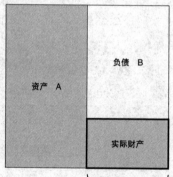

= A−B
33600000 元

这就是实际的财产

懂得定期宴请员工，善于经营人脉。

从这个表3、表4不难看出，年收入几百万元的人对金钱是如何精打细算，以及善用资金的金钱哲学。

33 永远记得你是谁

一如"盛衰荣枯"这句话所言，凡事盛极必衰。

不管是个人或企业，经过成长阶段，有了长足的发展，最后都会逐渐走向衰退的命运，前面所介绍的常态分布图也显示了这个过程。

事实上，我们已经看到许多企业由于外在环境变化等因素，逐步走向了衰退。但是，有些人即使达到了年收入几百万元的目标，事业依旧如日中天，丝毫没有任何衰退迹象，这是为什么？我认为这是因为他们早已做好了万全的准备。

这些成功者很清楚每个阶段的任务，早已采取各项措施，以避免企业陷入衰退。至于他们的秘诀，一言以蔽之，就是"不吝给予"。例如职棒选手小久保裕纪即是此中典范，他的案例虽然与企业无关，不过做法却很值得大家学习。

小久保裕纪不仅期许自己每年都能站在职棒的一线上，还用尽各种方法延长自己的职棒寿命，而他的强项就是击出漂亮的全垒打。最令人佩服的是，他为了减轻身体负担，努力减重8千克，即使这么做会略减打击威力。

为了调整体能状况，他不仅每天努力练球，还请具有专业背景的教练帮他进行各项训练。他虽然相信自己的能力，但也很清楚即使自己努力不懈，体能上的发挥仍然有限，所以才会不断思考每个阶段该如何突破。

多数职棒选手都对棒球拥有无比的热忱，丝毫不逊色于20岁时的热情，而且还期许自己能在职棒的路上屡创佳绩，但是多数人最后往往都被迫提早退休。相比之下，小久保裕纪的棒球路就走得很远。

人生虽然有所谓的黄金时期，但绝不可以被这样的思维所束缚。以商务人士来说，年过50岁，能力很可能会骤然衰退，"商品价值"也跟着滑落。因此，要趁还站在第一线的时候及早布局未来。

对企业来说，最好的方式就是培养能分担工作的优秀员工，懂得重用员工的组织自然也会获得员工的支持。然而，总有人误解培养人才的意义，认为"只要用优秀的人才就能创造佳绩"，或是"像现在这么不景气，优秀人才到处都是"，就是因为有这种想法才无法培育杰出的人才，难以提升公司的战斗力。

因为对大企业来说，员工只不过是便于替换的零件罢了，当零件老旧，多的是可替换的新零件。但是，这套思维并不适用于中小企业，想在商场上一较高下的小公司就一定要培育人才。如果一开始就采用买"高级零件"，相对会增加许多成本，而且也无法与大企业展开人才争夺战。这其中也衍生了一个根本的问题，那就是公司是否具备吸引优秀人才的魅力？因此，对一个有企图心的企业来说，最实际的做法，就是自己负起责任，耐心培育人才。

　　小久保裕纪的目标是长期站在第一线上，而企业的使命则是长久经营，两者所追求的都是"永续经营"。对此，六信浩行认为"爱"是当中不可或缺的要素，不论是企业，还是个人，都必须用爱来培育人才，信任员工能不负所托。

　　好不容易培育出的优秀人才，即便有一天仍有可能离开公司，甚至将来背叛公司，跳槽同业，但培育人才之初就该秉持爱的信念，将专业技能传承给员工。因为培育人才最重要的就是信任，信任才能放心交代工作，才有可能培养出独当一面的将才。

　　以爱培养人才，即使最后遭到背叛也不埋怨对方，企业经营者要有这样的器量，才能得到员工的忠诚。因为以爱待人，别人才会以爱回报，公司上下一心，组织力就会跟着提升。

　　成功的企业经营者几乎都是眼观六路，对公司的每位员工了如指掌。前面提到的连锁美容院的董事长就是一个心细如发的人，他甚至对旗下每位造型师的家庭收支状况都一清二楚。他看似不动声色，其实观察入微。

例如他公司里有位女性造型师，以二十五年贷款买了一间房子，夫妻两人本来打算省吃俭用努力还清贷款，但是先生就职的公司业绩欠佳，发不出奖金。少了这笔奖金，眼见房贷没有着落，压力之下，这位女性造型师忍不住私底下跟同事诉苦，这位董事长知道后，便将一笔为数不小的钱默默放在她的置物柜里，她看到后惊讶万分，并流下了感动的泪水。

"没想到董事长竟然这么为员工着想！"她下定决心一定要努力工作报答这位董事长，将这辈子奉献给这家店。这也就是我一再强调的，"人脉带来财富"的道理。员工的付出会让公司成长，增加利润。

多数人和企业的命运，就像常态分布图呈现的那样，会先经过成长期，进入飞黄腾达期，再逐渐走向衰退，人的命运之所以如此，是有原因的。

人容易在不知不觉中，因为骄傲自大而迷失自我，尤其在创下了惊人业绩、扩大了公司规模之后，就会开始自我感觉良好，让身边的人越来越逢迎、不敢说真话，久而久之，便成了"皇帝的新衣"里看不清真相的皇帝。

这些人在拒绝依附人生，选择自由的路之后，人生格局从此变得宽阔，但却在拥有亿万财富和人生伴侣之后，事业心逐渐消退。独守财富、不懂与人共享的自私之心，使得身边的人逐一离去，对于过去曾在人生路上给予扶持的导师更是日渐疏远。

这就是忘了初衷，忘记了自己一路成长的辛苦岁月。在这样的情况下，过去引以为傲的品牌也会渐渐褪色、没落，最终走向破产一途。

如果不希望自己成为潦倒的"皇帝"，奉劝各位，要随时回顾过往，反思自我，想想自己的年收入是如何一步步增加的，中间经过了哪些奋斗与付出，如何打造出个人品牌，如何与身边的人共享利益，达到几百万元的年收入后又该如何面对人生，现在的理念与坚持依旧与从前无异吗，以及今天仍坚守自己的成功方程式吗……

——回顾确认，就能看出自己走的路是不是偏离正轨了。重新检视过去，不仅可以展望未来，也能适时修正当下的人生道路。通过回顾过往，提醒自己不忘本，不忘以前得到的帮助，才能取得现在的成就，因为能够真诚地感谢，才不会在成功的路上迷失自我。

心存感谢，是谦逊自省的契机。但是表面上或形式上的感谢，没有任何效果，这种感谢只不过是自我满足罢了。事实上，人生中让人能够真心感谢的机会并不多，所以要不断提醒自己记得感谢。

我认为最能让一个人由衷感谢的时刻有两个。

一个是失去重要的东西时。当父亲过世时，我才知道父亲的伟大，也深深感谢他生我养我。此外，当我自行创业，负责经营管理一家公司后，才了解过去服务的保险公司的品牌力量有多大，而这也是等到离开后才感受到他人的栽培之恩。

那时我不用特别努力，只要凭着公司的信誉，就能谈成大生意。然而，当自己自创公司，想和金融机构谈生意时，却遭到一连串的质疑："你是什么人？""你会做什么？""你的客户是哪个层级的？""你过去的经历是什么？"在回答接二连三的问题后，我深刻地感受到没有光环的小公司要生存是多么不容易，同时也能理解，大公司为了"信誉"和"品牌"付出了多少努力，深感自己有幸能在大公司工作。

另一个能让人由衷感谢的时刻就是功成名就之时。

说"衣食足而后知荣辱"或许太过严重，但一种只能勉强糊口的生活，并不会让人心存感谢。人往往要获得某种成就后，才能真正发自内心地感谢，一个人飞黄腾达后绝对要懂得感谢。

最常见的就是事业有成的企业家往往会慷慨捐款，回馈社会。他们积极奉献社会的态度，正是来自感恩的心。一个人年收入达到几百万元后，也意味着人生踏上另一个阶段。当我们在致富的路上前进时，千万不能忘记怀着感谢之心，不骄矜自大，始终保持谦卑，才是事业永续经营的秘诀，个人品牌也才能持续发光发热。

第三章
重点整理

1.如果你乐于分享，就能构筑如同蜘蛛网般的人脉网络，轻易网罗有用的情报信息。

2.与其为了眼前的小利采取各个击破的强迫推销，还不如通过人脉产生联结综合效应，掌握庞大的商机。从某个角度来看，这正是基于分享精神、扩大市场规模的最佳策略。

3.了解金钱价值的人，往往都会把钞票整理得平平整整，这也是为何银行业一贯以新钞与客户往来。

4.会赚钱的人或是事业有成的人，不会把100元当作小钱看待。不论是100元，还是100万元、1亿元或10亿元，在他们眼里都是一样有价值，他们都会把它用来强化自己的优势。

5.成功的反义词不是失败，而是放弃。只要不放弃，就有机会成功。

附录

思考追求财富的意义

赚钱的目的，是为了什么？为了谁？通过爱和创造性的工作，才能营造美好的未来；通过爱和创造性的工作，才能与外界和谐地联结在一起。

　　做个凡事听命行事的人，日子通常都很好过，这是我们在日常生活中常有的经验。但是，摆脱依附心态之后，面对任何事情，如果不能自己选择、确定方向、扛起责任，还是难以挣到大钱，成为一个有钱人。

　　当然，并不是每个人都能做到这一点。例如我们公司的大隅彻就不是这样的人，我们无法要求他："从今以后，不要只听命行事，一切都要自己做出抉择，并且以年收入600万元为目标！"这对他是不切实际的，因为他从一开始，就是在别人的建议下离开父亲的羽翼，走自己的路。

　　有自由意志的人，不会等待别人指示，会想尽办法找到自己的路，就算必须为理想抗争，仍会勇往直前。

　　人各有志，不论是甘为跟从者，或是向往大破大立的人生，都是每个人的选择或意志所趋。有的人适合游走于团体组织间，或者说组织对他来说比较容易生存；也有人生来就具备了企业家风范，能凭自我意志放手一搏。对大隅彻来说，或许在组织里当个"小齿轮"是最好的选择，也容易生存。

　　有时，有钱并不等于幸福。为了获得更多的财富或自由，强迫自己脱离组织，反而有可能造成巨大的痛苦和损失。因此，如果自由或财富并非自己此生的追求，就不该勉强自己走上一条荆棘满布的致富之路。

虽然有越来越多人想脱离上班族的行列，但如果目前在公司的地位和待遇都不错，或许继续这样的人生会是更好的选择。相反的，如果无论怎么努力，都无法做出一番成绩，或是后辈不断迎头赶上，极有可能被裁员或取代，这种情形就必须毅然决然做出选择。

我当初也是因为觉得与其继续待在公司为人作嫁衣，不如自立门户，这样更能闯出一片天地，获得更大的财富，才提出辞呈，勇敢创业。

所谓的"自由"，是指凡事都必须自己决定和取舍，这其中隐藏着许多不安与惶恐。而大格局者能一肩挑起伴随自由而来的重担，不断挑战常识与颠覆制度，面对任何困难都能坚持到底，最后终能摘下成功的果实。

和那些愿为人际和谐放弃自我的人不同，这些大格局者总是想方设法排除成功路上的障碍，以及所有阻碍他创造财富的人事，但他们也因此成为高处不胜寒的孤独者，许多企业家都在创造财富的路上，逐渐失去了笑容。

人若少了亲情、友情或爱情的联系与滋润，往往也难有幸福之感。幸福的人生应该是在"自我""关系"与"爱"之间取得平衡。

弗洛姆曾说，人类对自由的选择有两种，一种是希望自由，试图通过"爱"与"创造性的工作"与外界联结；另一种则是破坏自由，为了寻求安全感而依附某种关系。关于爱，弗洛姆的解释是：

"爱应是没有区别的，同样爱也能让对方追求幸福、成长、自由。"

这句话说得非常好。人应该在追求自由的同时，或是得到自由与财富之余，通过爱与创造性的工作和外界联结在一起，借此填补孤独空虚，这也是一个人的人生规划的终极目标。

懂得分享的人
才是真正的有钱人

这次回熊本，我去拜访了平田先生。他是我二十多年前刚踏入社会当上班族的第一位上司，也是我的证婚人，拜访他是为了盘点自己的人生。

　　平田先生在大型保险公司退休后，现在依然和二十多年前一样热情地工作着，始终以同样的价值观面对他的人生。"尽己所能帮助身边的人"，这就是我刚踏入社会时，他教给我的人生态度。

　　对于我们的突然拜访，平田先生惊讶之余，仍然准备了一桌家乡菜，款待我和同行的员工。而且当我们回到广岛，十人份以上的熊本名产——生马肉早就送抵办公室。看到这份生马肉，我想起了10岁时读过的故事——"贪心的狗"。虽然大家应该都听过这个故事，但我还是要大致描述一下内容。

　　故事是说一只狗叼着一块肉，走过一座桥。当它不经意地往池边一看，发现有只狗叼着更大块的肉瞧着自己。这只狗心想："那块肉看起来更好吃！如果我大声凶它，它一定会吓得把肉掉在地上吧？"于是它开始对着池边的狗大声狂吠。大声狂吠之后，它嘴里叼的那块肉也掉进池子里了，水花四溅，不见踪影。映在水里的，只剩下它失落的身影。这只狗因为太贪心，失去了好不容易到手的肉，最后只能饿着肚子回家去。

这本书的内容似乎都在说些人生大道理，我自己也时常思索着，难道我们一定要"为了什么""为了谁"而赚钱吗？幸运的是，我遇见了像平田先生这样一位人生导师，在我盘点自己的人生时，能够教导我许多人生道理。在我22岁时过世的父亲，应该也会这样教我吧。

写这本书主要是希望给大家提供一种金钱观，也就是书里所说的"爱和创造性的工作"。为了不让"贪心的狗"＝"贪心的我"，我每天盘点自己的人生，实践书中登场的每位人士给我的宝贵教诲，在此也希望能和各位读者分享。

以下是我们公司的官方网页与博客，欢迎各位不吝赐教。

网页：http://www.lp-official.co.jp/

博客：http://ameblo.jp/official-mailmagazine/

本书介绍了几位我的客户，由于我的文笔不是很好，有些地方可能会让读者产生误解，若有，一切都是我能力不足所致，在此致上由衷的歉意，同时也深深感谢让我学到许多人生道理的客户。

这本书也承蒙编辑部的渡部周先生、安达智晃先生的大力协助，同时也非常感谢在本书中登场的所有人，在百忙之中拨冗接受采访。

最后，我常常在想，如果自己无法帮助身边的人，就没有资格讲些冠冕堂皇的话，所以我希望能为所有出现在我生命中的人尽一份心力。我深信这么做，也会为自己开创宽广的未来。但愿今后也能与诸位读者共享人生的美好与喜悦。

2012年4月 写于广岛办公室

江上 治